多能互补地源热泵系统设计指南

别 舒 贺继超 任 君 主编

U0343055

延边大学出版社

图书在版编目（CIP）数据

多能互补地源热泵系统设计指南 / 别舒，贺继超，
任君主编. -- 延吉 ：延边大学出版社，2022.10
　　ISBN 978-7-230-04059-4

　　Ⅰ. ①多… Ⅱ. ①别… ②贺… ③任… Ⅲ. ①热泵系
统－系统设计－指南 Ⅳ. ①TB657-62

　　中国版本图书馆 CIP 数据核字(2022)第 195967 号

多能互补地源热泵系统设计指南

主　　编：别　舒　贺继超　任　君
责任编辑：李　磊
封面设计：李金艳
出版发行：延边大学出版社
社　　址：吉林省延吉市公园路 977 号　　　　邮　　编：133002
网　　址：http://www.ydcbs.com　　　　　　E-mail：ydcbs@ydcbs.com
电　　话：0433-2732435　　　　　　　　　　传　　真：0433-2732434
印　　刷：天津市天玺印务有限公司
开　　本：710×1000　1/16
印　　张：13
字　　数：200 千字
版　　次：2022 年 10 月 第 1 版
印　　次：2024 年 6 月 第 2 次印刷
书　　号：ISBN 978-7-230-04059-4

定价：68.00 元

编 写 成 员

主　　编：别　舒　贺继超　任　君

副 主 编：赵秉南　江绍辉　李春林　雷　鑫

　　　　　朱　江　易　巍　曹　岩　衡文蕾

　　　　　汪东旭　杜可心　李著萱

目　　录

1. 总　则

1.0.1　为促进城乡供热供冷高质量可持续发展，规范和统一多能互补地源热泵系统的优化设计，保障人身、财产和公共安全，实现稳定供热供冷、节约能源、保护环境、安全生产，制定本指南。

【解释说明】该条为制定本指南的宗旨。供热供冷是市政公用事业的重要组成部分，是现代城乡的重要基础设施，与经济社会发展和人民生活息息相关。供热供冷系统贯穿人口密集区域，实现连续稳定供热供冷是多能互补地源热泵系统的基本功能要求。同时，供热供冷行业是能耗大户，也是影响大气环境状况的重要因素，因此节约能源、保护环境也是制定本指南的重要目标。

多能互补地源热泵系统可利用浅层地热能资源进行供热供冷，具有良好的节能与环境效益，近年来在国内得到了广泛的应用。为规范多能互补地源热泵系统的设计，确保多能互补地源热泵系统安全、可靠地运行，更好地发挥其节能效益，特制定本指南。

1.0.2　本指南规定了多能互补地源热泵系统的浅层地热能资源勘察评估、系统设计、监控设计、节能与环保等工作的内容、方法和要求。

1.0.3　本指南适用于多能互补地源热泵系统的新建、改扩建，以地下岩土体为低温热源，以水为传热介质，采用热泵技术进行供热、供冷或加热生活热水的系统工程的前期勘察与评估、工程设计或优化。其中，供热设计温度不超过180℃，设计压力不超过2.5 MPa；供冷设计温度介于1~20℃，设计压力不超过2.5 MPa。

1.0.4　本指南适用于以浅层地热能为主、燃气供热和电制冷供冷调峰为辅，其他多种能源形式耦合的能源站、能源站至热（冷）用户建筑物入口管网及其换热（冷）站的多能互补地源热泵系统工程设计。

1.0.5　多能互补地源热泵系统的优化设计除可参考本指南外，还应符合国家、行业和地方现行有关标准、规范的要求。

2. 术　语

2.0.1　多能互补地源热泵系统：一种向最终热（冷）用户提供冬季供暖用热水和夏季空调用冷冻水的，以地热能为主，其他多种能源形式耦合的复合型能源供应系统。热源可以是燃气锅炉、电锅炉、市政热力、（水）地源热泵、太阳能、蓄热等方式中的一种，或两种及以上能源方式的组合；冷源可以是电制冷、吸收式制冷、（水）地源热泵、蓄冷等方式中的一种，或两种及以上能源方式的组合。本指南中特指浅层地埋管地源热泵与燃气锅炉、市政热力、电制冷、蓄能等技术相耦合的能源供应系统。本指南中所涉及的系统为源、网、站系统，不含建筑物内系统。

2.0.2　地源热泵系统：以岩土体、地下水或地表水为低温热源，由水源热泵机组、地热能交换系统、建筑物内系统组成的供热空调系统。根据地热能交换系统形式的不同，分为浅层地埋管地源热泵系统、中深层地埋管地源热泵系统、地下水地源热泵系统和地表水地源热泵系统。

【解释说明】地源热泵系统通常还被称为地热热泵系统（geothermal heat pump system）、地能系统（earth energy system）、地源系统（ground-source system）等，后来，由美国供暖制冷空调工程师学会（ASHRAE）统一为标准术语，即地源热泵系统（ground-source heat pump system）。

2.0.3　浅层地热能资源：蕴藏在浅层岩土体、地下水或地表水中，具有开发利用价值的热能资源。

2.0.4　传热介质：地源热泵系统中，通过换热管与岩土体、地下水或地表水进行热交换的一种液体。一般为水或添加防冻剂的水溶液。

2.0.5　地埋管换热系统：传热介质通过地埋管换热器与岩土体进行热交换的地热能交换系统，又称土壤热交换系统，分为浅层地埋管换热系统和中深层地埋管换热系统。

2.0.6 地埋管换热器：供传热介质与岩土体换热用的，由埋于地下的密闭循环管组构成的换热器，又称土壤热交换器。根据管路埋置方式的不同，分为水平地埋管换热器和竖直地埋管换热器。

2.0.7 水平地埋管换热器：换热管路埋置在水平管沟内的地埋管换热器，又称水平土壤热交换器。

2.0.8 竖直地埋管换热器：换热管路埋置在竖直钻孔内的地埋管换热器，又称竖直土壤热交换器。

2.0.9 岩土体：岩石和松散沉积物的集合体，如砂岩、砂砾石、土壤等。

2.0.10 岩土热响应试验：通过测试仪器，对项目所在场区的测试孔进行一定时间的连续加热，获得岩土综合热物性参数以及岩土初始平均温度的试验。

2.0.11 岩土综合热物性参数：不含回填材料在内的，地埋管换热器深度范围内，岩土的综合导热系数、综合比热容。

【解释说明】对于工程设计而言，最为关心的是地埋管换热系统的换热能力，这主要反映在地埋管换热器深度范围内的岩土综合导热系数和综合比热容两个参数上。由于地质结构具有复杂性和差异性，因此通过现场试验得到的岩土热物性参数，是一个反映了地下水流等因素的综合值。

2.0.12 岩土初始平均温度：从自然地表下 10～20 m 至竖直地埋管换热器埋设深度范围内，岩土常年恒定的平均温度。

【解释说明】一般来说，在地表以下 10～20 m 深度范围内，岩土受外部环境影响，其温度会随季节发生变化；而从此深度以下至竖直地埋管换热器埋设深度范围内，岩土自身的温度受外界环境影响较小，常年恒定。

2.0.13 测试孔：按照测试要求和拟采用的成孔方案，用于岩土热响应试验的竖直地埋管换热孔。

2.0.14 换热孔：地埋管地源热泵系统运行期间，其中埋设的地埋管换热器参与热量交换的钻孔。

2.0.15 换热监测孔：通过在换热孔内下入温度传感器，用于监测地埋管换热器换热过程中其周边地层温度变化的换热孔。

2.0.16 换热影响监测孔：通过在钻孔内下入温度传感器，用于监测换热孔温度变化影响范围的钻孔，一般布设于换热孔周边 5 m 距离内。

2.0.17 独立能源站：独立占地，四周与其他建筑物没有任何结构联系的多能互补地源热泵能源站。

2.0.18 非独立能源站：与其他建筑物毗邻或设在其他建筑物内的多能互补地源热泵能源站。

2.0.19 蓄能系统：将冷量或热量以显热或潜热的形式储存在某种介质中，并在需要时释放出冷量或热量的供冷系统。其中，储存、释放冷量的系统称为蓄冷系统，储存、释放热量的系统称为蓄热系统。

【解释说明】"蓄能"是对"蓄冷"和"蓄热"的统称。本指南依据《蓄能空调工程技术标准》（JGJ 158—2018），将"蓄冷系统"扩展为"蓄能系统"，"蓄冷"相关的术语一般均扩展为"蓄能"。但对于特指蓄冷或蓄热的情况，如无特殊说明，均可使用"蓄冷"或"蓄热"的相关术语。例如，"蓄能介质"在只用于蓄存冷量时，可称为"蓄冷介质"；"蓄能方式"在特指蓄存冷量的方式时，可称为蓄冷方式。

2.0.20 载冷剂：在蓄冷系统中，用以传递制冷、蓄冷装置冷量的中间介质。

【解释说明】在冰蓄冷系统中，一般是指按一定比例配制的载冷剂溶液。

2.0.21 蓄能介质：在蓄能系统中，利用物质的蓄能特性，以显热、潜热形式储存冷量或热量的介质。

【解释说明】水蓄能系统以显热形式储存冷量或热量，其蓄能介质为水；冰蓄冷系统以冰的相变潜热形式储存冷量，其蓄能介质为冰；相变蓄热以相变潜热形式储存热量，蓄能介质是相变蓄热材料。

2.0.22 蓄能方式：蓄存冷量或热量的方式。蓄冷方式主要包括水蓄冷、冰盘管式蓄冰（内融冰、外融冰）、封装式（冰球、冰板式）蓄冰、冰片滑落式蓄冰、冰晶式蓄冰等；蓄热方式包括水蓄热、相变材料蓄热等。

2.0.23 蓄能装置：由蓄能设备（如蓄冰槽、蓄冰罐、蓄水槽等）及附属阀门、配管、传感器等相关附件组成的蓄存冷量或热量的装置。

2.0.24 水蓄能系统：利用水的显热蓄存冷量或热量的蓄能系统。

2.0.25 冰蓄冷系统：通过制冰方式，主要以冰的相变潜热蓄存冷量的供冷系统。

2.0.26 盘管式蓄冰系统：将金属、塑料或复合材料盘管浸没在充满水的蓄冰槽内，通过载冷剂在盘管内流动使盘管外表面结冰以蓄存冷量的冰蓄冷系统。因融冰方式不同分为外融冰和内融冰。

【解释说明】外融冰方式的释冷过程是由温度较高的水在结冰盘管周围进行循环，水与冰直接接触并由外向内融化盘管外表面的冰层。内融冰方式的释冷过程是由温度较高的载冷剂在盘管内流动，由内向外融化盘管外表面的冰层，内融冰方式因冻结比例不同，又分为完全冻结式和不完全冻结式。

2.0.27 蓄能—释能周期：蓄能系统完成一个蓄能—释能循环所需的运行时间。

【解释说明】蓄能系统的蓄能—释能周期一般为 1 d，也有一些特殊项目是以更长的时间作为一个蓄能—释能周期的，如体育馆、剧院等。其中，设计蓄能—释能周期是指在进行设计计算和确定设计工况时所采用的蓄能—释能周期。

2.0.28 蓄能率：一个蓄能—释能周期内蓄能装置提供的能量与此周期内系统累计负荷之比。

【解释说明】蓄能率为 100% 时称为全负荷蓄能系统，否则为部分负荷蓄能系统。

2.0.29 双工况制冷机：在空调工况和制冰工况下均能稳定运行的制冷机。

2.0.30 基载负荷：在蓄能—释能周期内较为恒定部分的空调负荷。

【解释说明】一般用于蓄冷系统，主要指蓄能阶段（或电力谷段）仍需要向末端持续供应的空调负荷。

2.0.31 基载制冷机：为满足基载负荷需求而设置的制冷机。

2.0.32 蓄冷（热）温度：蓄冷（热）工况时，进入蓄能装置的介质温度。

2.0.33 释冷（热）温度：释冷（热）工况时，蓄能装置的供冷（热）温度。

2.0.34 蓄冷速率：蓄冷工况时，蓄冷装置单位时间蓄冷量的大小。

2.0.35 释冷速率：释冷工况时，蓄冷装置单位时间释冷量的大小。

【解释说明】蓄冷速率反映蓄冷装置短时间内的蓄冷能力，一般随蓄冷温度、运行时间以及蓄冷装置的蓄冷存量的变化而变化。同样，释冷速率反映蓄冷装置短时间内的释冷能力，一般随释冷温度、运行时间以及蓄冷装置的蓄冷存量的变化而变化。

2.0.36 分时电价：把每天分为峰、平、谷等不同时段，并按不同电价收取不同时段电费的电力收费政策，也称为峰谷电价。

2.0.37 移峰电量：在一定时间内，蓄能系统转移电力高峰或平峰时段的用电量。

2.0.38 运行模式：蓄能系统某种阶段性的运行状态，如冰蓄冷系统中的制冰模式、蓄冰装置单独供冷模式、蓄冰装置与主机联合供冷模式等。

2.0.39 控制策略：控制和设定制冷机、锅炉、热泵、水泵等设备或阀门的运行状态，以实现某种运行模式或控制目标的方法。

【解释说明】控制策略包括下列两部分控制内容：

（1）根据系统状态和预设置，切换运行模式；

（2）根据当前运行模式和监测参数，控制和设定制冷机、锅炉、热泵、水泵、阀门等的运行状态。

2.0.40 蓄能设备：能够以显热和（或）潜热蓄存能量的设备（不含化学能量）。

2.0.41 名义蓄冷（热）量：蓄冷（热）设备在名义蓄冷（热）工况下，蓄能时长内可蓄存于蓄冷（热）设备中的冷（热）量。

2.0.42 名义放冷（热）量：蓄冷（热）设备在名义放冷（热）工况下，蓄能时长内可用冷（热）量。

2.0.43 一次管网：将多能互补地源热泵能源站的热（冷）水送至各换热（冷）站的供热（冷）管网。

2.0.44 二次管网：将换热（冷）站的冬季供暖用热水和夏季空调用冷冻水送至最终热（冷）用户的供热（冷）管网。

2.0.45 冷热同管：同一根管道，夏天供应低温冷冻水，冬天供应热水。

3. 基本规定

3.0.1 多能互补地源热泵系统工程的勘察设计应根据当地总体规划和能源专项规划进行,做到远近结合,以近期为主,并宜留有扩建余地;对扩建和改建工程,应取得原有工艺设备和管道的原始资料,并应合理利用原有建筑物、构筑物、设备和管道,同时应与原有生产系统、设备和管道的布置、建筑物和构筑物型式相协调。

【解释说明】多能互补地源热泵系统工程的设计应从总体规划和热力规划着手,以确定工程的供能范围、规模大小、发展容量及能源站位置等。

3.0.2 多能互补地源热泵系统工程设计应取得热(冷)负荷、燃料和水质资料,并应取得当地的气象、地质、水文、电力和供水等基础资料。在多能互补地源热泵系统工程方案确定前,应对浅层地热能地质条件进行勘察与评估。

【解释说明】工程场地状况及浅层地热能资源条件是应用多能互补地源热泵系统的基础。本指南规定的浅层地热能资源勘察为地埋管换热系统勘察。

3.0.3 多能互补地源热泵系统工程场地浅层地热能勘察、系统设计均应由具有相应资质的单位完成。

3.0.4 多能互补地源热泵系统工程选用的燃料应有其产地、元素成分分析等资料和相应的燃料供应协议。

3.0.5 多能互补地源热泵系统设计应采取减轻废气、废水、固体废渣和噪声对环境影响的有效措施,排出的有害物和噪声应符合国家和地方排放标准要求。

3.0.6 管道的抗震设计应符合《建筑机电工程抗震设计规范》(GB 50981—2014)、《室外给水排水和燃气热力工程抗震设计规范》(GB 50032—2003)等相关规范的规定。

3.0.7 多能互补地源热泵系统工程的热力管道应满足《工业金属管道设计规范》（GB 50316—2000）、《压力管道规范 公用管道》（GB/T 38942—2020）、《压力管道规范 工业管道》（编号自 GB/T 20801.1 至 GB/T 20801.6，均公布于 2020 年）等相关规范的规定。

4. 总体规划

4.1 一般规定

4.1.1 多能互补地源热泵系统在设计前应做好相应的总体规划。总体规划应明确下列条件：

（1）多能互补地源热泵系统供能范围内的市政基础设施情况；

（2）多能互补地源热泵系统供能范围及其周边可获得的能源种类、资源量、资源品质、相应能源政策与环保政策等；

（3）多能互补地源热泵系统供能范围内的建筑类型、功能、规模、用能特性及用能需求；

（4）多能互补地源热泵系统供能范围内的建筑物投运时间、使用强度、达产率等；

（5）能源建设投资主体和运营主体的特点等。

【解释说明】在对多能互补地源热泵系统进行总体规划前，应调研区域的整体情况，包括已有规划情况、资源情况、建筑及用户需求情况等，以便合理选择方案，判断方案的适宜性。另外，要对当地政策以及项目投资运营模式等有所了解，如某些地区的政策性能源倾向或补贴等，这些都将影响方案的选择。

4.1.2 多能互补地源热泵系统的总体规划宜遵循如下原则：

（1）因地制宜、统筹规划、节能环保；

（2）与城市总体规划、分区规划和详细规划相协调；

9

（3）与当地水资源、土壤等专项规划一致；

（4）与当地电力、燃气、供热、给排水等市政基础设施规划一致；

（5）优先利用工业余热废热、可再生能源、清洁能源等多能互补的能源系统；

（6）近、中、远期相结合，统筹近期建设与远期发展的关系，制定规划实施进度，明确可落实技术，并考虑其经济性。

【解释说明】多能互补地源热泵系统的总体规划应服从于城市规划，应包含在城市规划中。《中华人民共和国城乡规划法》规定："制定和实施城乡规划，应当遵循城乡统筹、合理布局、节约土地、集约发展和先规划后建设的原则，改善生态环境，促进资源、能源节约和综合利用，保护耕地等自然资源和历史文化遗产，保持地方特色、民族特色和传统风貌，防止污染和其他公害，并符合区域人口发展、国防建设、防灾减灾和公共卫生、公共安全的需要。"

多能互补地源热泵系统的总体规划是指在建设和开发（或是在扩充、改造）初期，对多能互补地源热泵系统供能范围及其周边的能源供应和需求有一个计划，对能源需求的种类、品位、数量、价格以及排放等有一个预期，对能源供应的可能有一个展望，包括能源资源的情况、可利用的情况；并对在本区域所采用的能源技术进行经济上的对比分析，尤其是对能源消耗给环境带来的影响进行分析。多能互补地源热泵系统的总体规划对所规划区域内各种能源形式综合利用提出指导性的意见，目的是提高能源利用效率，降低城市运行成本，实现可持续发展。

4.1.3 多能互补地源热泵系统的总体规划宜以提高可再生能源利用率、降低碳排放为总体目标。

【解释说明】进行多能互补地源热泵系统的总体规划是为了统筹各种能源，达到节能与减排的目标。应以节能和减排为多能互补地源热泵系统总体规划的目标，实现多能互补地源热泵系统合理利用，提高可再生能源利用率。

现阶段能源规划指标有很多，如能源综合利用率、一次能源利用率、可再生能源利用率、碳减排量、节能量、节能率、人均能耗、单位面积能耗、人均碳排放量、单位 GDP 碳排放量等。提高区域一次能源利用率、可再生能源利用率，降低能源消耗，体现了行业普遍认同的减量化原则，能将规划目标通过多能互补地源热泵系统规划落到实处。

4.1.4 多能互补地源热泵系统方案应结合项目特点，采用初投资、运行费用、系统能耗、寿命周期成本、可再生能源利用率、碳减排量等评价指标，进行综合评价。

【解释说明】多能互补地源热泵系统方案的评价宜按下列要求：

（1）对于以节能环保为目标的政府公共设施类项目，可结合项目需求，优先以系统能耗、碳减排量、系统综合能效为评价指标；

（2）对于以经济收益为目标的企业投资类项目，可结合业主需求，优先将初投资、运行费用、寿命周期成本、可再生能源利用率等作为评价指标；

（3）具备燃气优惠价格、峰谷用电价格等能源价格政策的项目，宜充分考虑系统运行经济性优势，综合评价系统方案；

（4）多能互补地源热泵系统宜将寿命周期成本作为系统评价的主要指标。

4.2 系统形式

4.2.1 多能互补地源热泵系统的具体规模应根据城乡发展状况、能源供应、气候环境和用热（冷）需求等条件，经市场调查、科学论证，结合热（冷）负荷发展综合分析确定。

【解释说明】为保证多能互补地源热泵系统满足所在地区的社会和经济发展需要，本条明确了多能互补地源热泵系统建设规模的确定因素。

4.2.2 多能互补地源热泵系统的具体形式应根据当地能源状况，建筑的规模、用途、建设进度等，结合国家节能减排和环保政策的相关规定，综合论证后确定，并应符合下列规定：

（1）供能范围内建设的集中供热供冷设施，宜考虑地热能的耦合应用；

（2）在执行分时电价、峰谷电价差较大的地区，采用低谷电价能够明显起到对电网"削峰填谷"和节省运行费用的，宜采用蓄能系统；

（3）具有多种能源的区域，可采用其他能源一并接入的多能互补地源热泵系统形式。

【解释说明】电力价格、燃气价格、市政热力价格、供水价格等都影响多能互补地源热泵系统的设计方案。应在项目规划设计阶段进行充分的技术、经济论证，经论证合理的，可以采用其他能源一并接入的多能互补地源热泵系统形式。各子系统各取所长，将效率提高作为投入运行的先决条件；各子系统互为补充，着重提高系统安全性。

4.2.3 多能互补地源热泵系统的可再生能源部分应符合下列规定：

（1）进行可再生能源规划前，应深入调查区域内可供利用的地热能、污水、地表水、生物质能、太阳能、风力资源以及其他可再生能源资源条件；

（2）应优先利用成本低、效率高的可再生能源；

（3）应根据当地可再生能源的资源条件，确定可再生能源的利用量；

（4）可再生能源利用应符合国家和当地的产业发展、政策等要求；

（5）可再生能源规划应符合国家和当地节能、环保的限定性要求。

【解释说明】可再生能源是指地热能、风能、太阳能、水能、生物质能、海洋能等非化石能源，其对环境无害或危害极小，而且分布广泛，适宜就地开发利用。

4.2.4 多能互补地源热泵系统的装机比例应根据以下原则确定：

（1）根据供能范围内的能源保障度要求，明确基础负荷的比例。基础负荷宜由可再生能源承担。

（2）根据当地地热资源条件，结合相关政策指标要求，明确地源热泵系统的装机比例。

（3）宜酌情接入蓄能系统或其他系统。

（4）对于系统中余下的供能缺口，宜由清洁能源承担。

4.2.5 多能互补地源热泵系统的布局应与城乡功能结构相协调，满足城乡建设和发展的需要，确保公共安全，按安全可靠供热（冷）和降低能耗的原则布置。

【解释说明】为了保证多能互补地源热泵系统满足城乡建设发展和安全的需要，本条明确了多能互补地源热泵系统的基本布局要求。

（1）多能互补地源热泵系统由能源站、供热（冷）管网等设施构成。项目选址应保证周边地质条件满足能源站的防火、防洪、抗震等安全需要，基本配套设施满足能源站的生产需要。

（2）能源站和供热（冷）管网布局除应满足安全可靠的需要外，还应遵循靠近负荷布置等降低能耗的原则。

（3）为了保证供热（冷）的安全性和可靠性，供热（冷）管网沿城镇主要道路布置时，应尽量避开主要交通干道和繁华的街道，以降低施工难度，减少运行、维修的麻烦，节省投资。

4.2.6 供热供冷介质的选用应满足用户对供热供冷参数的需求。以建筑物供暖、通风、空调及生活热水热负荷为主的多能互补地源热泵系统宜将水作为介质。

【解释说明】为了节约能源，提高供热（冷）质量，本条明确了介质选择的原则。建筑物供暖、通风、空调及生活热水热负荷一般为低温系统，供热介质采用热水，供冷介质采用冷水即可满足用户需求。

4.3 建设要求

4.3.1 多能互补地源热泵系统应设置能源站、供热（冷）管网、换热（冷）站以及运行维护必要设施，运行的压力、温度和流量等工艺参数应保证供热（冷）系统安全和供热（冷）质量，并应符合下列规定：

（1）应具备运行工艺参数和供热（冷）质量监测、报警、联锁和调控功能；

（2）设备与管道应能满足设计压力和温度下的强度、密封性及管道热补偿要求；

（3）应具备在事故工况时，及时切断，且缩小影响范围、防止产生水击和冻损的能力。

【解释说明】本条提出了多能互补地源热泵系统应具备的功能要求。向用户安全供热（冷）是多能互补地源热泵系统的基本功能，为了保证这一基本功能的实现，能源站、供热（冷）管网等设备应具备安全的性能要求。

（1）监测系统对多能互补地源热泵系统安全稳定运行、成本核算、环境保护起着十分重要的作用。联锁保护装置是保证安全、稳定、经济运行，提高能源站自动化程度的必要技术措施。

（2）设备与管道强度、密封性和管道热补偿要求也是保证系统安全的必要条件。设备和管道的选择，其温度和压力参数应与系统的要求一致，并应对管道的布置进行热补偿设计。

（3）多能互补地源热泵系统一旦发生事故，影响面就会很大。为保证多能互补地源热泵系统运行压力稳定，应设置可靠的定压补水设施，补水能力不足可能导致热水汽化、倒空及水击事故发生。

4.3.2 多能互补地源热泵系统应设置满足国家信息安全要求的自动化控制和信息管理系统，提高运行管理水平。

【解释说明】本条规定了多能互补地源热泵系统设置自动化控制和信息管理系统的基本要求，以引导供热（冷）运营信息化建设，强化供热（冷）安全生产。

4.3.3 多能互补地源热泵系统主要建（构）筑物结构设计工作年限不应小于 50 年，安全等级不应低于二级。

【解释说明】本条规定是为了合理选择多能互补地源热泵系统建（构）筑物结构材料，设计计算参数，满足供热（冷）设备和管道运行维护的需要。能源站是重要的基础设施，根据强制性工程建设规范《工程结构通用规范》（GB 55001—2021）的规定，安全等级主要根据建（构）筑物的重要性确定，其中，一级为很严重，二级为严重，三级为不严重。中断供热（冷）产生的社会影响较大，因此在多能互补地源热泵系统设计中，应根据不同的地区和规模，对建（构）筑物的安全等级采取二级或一级。

4.3.4 多能互补地源热泵系统所使用的材料和设备应满足系统功能、介质特性、外部环境等设计条件的要求。设备、管道及附件的承压能力不应小于系统设计压力。

【解释说明】本条规定了多能互补地源热泵系统材料和设备选择应遵循的基本要求。设备的合理选型、管道及附件的合理选材是为了保证供热（冷）系统安全和正常供热（冷），而介质特性、功能需求、外部环境、设计压力、设计温度是决定设备选型、管道及附件选材的基本要素。

4.3.5 能源站室内和通行管沟内的供热（冷）设备、管道及管件的保温材料应采用不燃材料或难燃材料。

【解释说明】室内、通行管沟内是相对封闭的空间，为了满足消防安全的要求，其内部使用的材料应是不燃或难燃材料。根据现行国家标准《建筑材料及制品燃烧性能分级》（GB 8624—2012）的规定，不燃材料燃烧性能等级为 A 级，难燃材料燃烧性能等级为 B1 级。

4.3.6 在设计工作年限内，多能互补地源热泵系统的建设和运行维护，应确保安全、可靠。达到设计工作年限或因事故、灾害损坏后，若想继续使用，就应对设施进行安全及使用性能评估。

【解释说明】多能互补地源热泵系统应当按照设计工作年限设定的标准进行建设，满足一定的建设质量要求。供热（冷）经营者应对供热（冷）设施定期进行安全检查；应当按照国家有关工程建设标准和安全生产管理规定，对供热（冷）设施定期进行巡查、检测、维修和维护，确保供热（冷）设施的安全运行。

为了保障供热（冷）的安全性，当达到设计工作年限或遭遇事故、灾害后应先评估，然后再确定是继续使用还是进行改造或更换。继续使用应制定相应的安全保证措施。

评估是指在定量检测的基础上，通过理论分析与计算，确定设施是否存在缺陷，以及缺陷是否危害结构的安全可靠性，能否继续使用。

4.3.7 多能互补地源热泵系统应采取合理的抗震、防洪等措施，并能有效防止事故的发生。

【解释说明】本条规定了多能互补地源热泵系统应具备抗震、防洪的基本性能要求，以保证多能互补地源热泵系统安全生产。供热（冷）设施是我国基础设施的重要组成部分，是保证人民生活和城市机能正常运转的设施。这些设施形成网络系统，对居民的正常生活、经济活动起着重要的作用。供热（冷）设施一旦遭到洪水或地震破坏，就会给人们的正常生活带来极大不便，甚至会引发严重的次生灾害，威胁人们的生命财产安全。

本指南中涉及结构安全及抗震设防的通用性要求和具体技术措施，应按强制性工程建设规范《工程结构通用规范》（GB 55001—2021）、《建筑与市政工程抗震通用规范》（GB 55002—2021）执行。

4.3.8 多能互补地源热泵系统的施工场所及重要的供热（冷）设施应有规范、明显的安全警示标志。施工现场夜间应设置照明灯、警示灯和具有反光功能的警示标志。

【解释说明】本条规定了供热（冷）设施设置标志的基本要求，以保证供热（冷）设施的运行安全和施工作业安全。供热介质具有高温、高压的特性，供热（冷）设施具有分布广的特点，所以应有对能源站外人员警示的措施；同时也应加强从业人员的安全意识，切实减少各类违章行为，避免事故的发生。

在供热（冷）设施作业时，划出作业区，并对作业区实施严格管理是非常必要的。在作业区周围设置护栏和警示标志可对作业人员起到保护作用，对路人、车辆等起到提示作用，同时也是保证作业安全的必要措施。

在沿车行道、人行道施工时，应设置交通安全防护措施。夜间在城镇居民区或现有道路施工时，设置照明灯、警示灯和反光警示标志，能大大提高安全性。

4.3.9 多能互补地源热泵系统建设应采取下列节能和环保措施：

（1）应使用节能、环保的设备和材料；

（2）能源站和换热（冷）站应设置自动控制调节装置和热计量装置；

（3）应对各种能源消耗量进行计量，且动力用电和照明用电应分别计量，并应满足节能考核的要求；

（4）燃气锅炉应设置烟气余热回收利用装置；

（5）采用地源热泵供热供冷时，不应破坏地下水资源和环境；

（6）应采取污染物和噪声达标排放的有效措施。

4.3.10 智慧监控中心、能源站及换热（冷）站应有防止无关人员进入的措施，并应有视频监视系统，视频监视和报警信号应能实时上传至监控室。

【解释说明】多能互补地源热泵系统是城市基础设施之一，关系到人民的基本生活需求，关系到社会的稳定。智慧能源管控中心、能源站、换热（冷）站等是多能互补地源热泵系统的重要设施，一旦受损，恢复时间会很长，不但影响用户供暖（冷），还可能带来供热（冷）管道和供暖（冷）设备损坏等次生灾害。为防止无关人员进入，应在围墙、门窗上安装防入侵设备。

4.3.11 对于浅层地源热泵系统，在方案设计阶段应做好冷热平衡计算，根据末端的冷热负荷需求，确定合适的地源热泵装机比例，不足部分可以采用其他能源方式进行补充。

4.3.12 对于浅层地源热泵系统，在施工图设计阶段应做好确保冷热平衡监控措施的设置，在室外地源侧汇集管能源站进出处设置能量计量装置，实时记录系统向土壤侧的取热和释热量；在室外地源侧分集水井各个分支管路上设置压力监测装置，监测各个分支系统的压力情况；在土壤侧设置温度场监测系统，实时监测土壤温度场变化情况。

4.3.13 对于浅层地源热泵系统，在运行阶段应做好冷热平衡监测，通过对总取热量和释热量的平衡计算，以及对土壤温度场的监测，控制地源热泵系统的开启时间和频率，合理判断调峰和补充冷热源的投入使用量，确保整个系统的可持续运行。

5. 热（冷）负荷

5.1 热负荷

5.1.1 热负荷的收集应根据热负荷的性质、发展阶段分别收集，并进行统计、分析、核算、预测，绘制热负荷曲线，计入各项热损失、自用热量和可供利用的余热量后，计算得出设计热负荷和规划热负荷。

5.1.2 热负荷的确定应符合当地总体规划和供热专项规划，并以典型热用户设计热负荷进行校核。

【解释说明】采暖热负荷预测宜采用指标法，可按下式计算：

$$Q_\text{h} = \sum_{i=1}^{n} q_{\text{h}i} \times A_i \times 10^{-3} \qquad (5.1.2)$$

式中：Q_h——采暖供热负荷（kW）；

$q_{\text{h}i}$——采暖热指标（W/m²）；

A_i——各类型建筑物的建筑面积（m²）；

i——建筑类型。

根据《城市供热规划规范》（GB/T 51074—2015），建筑采暖热指标宜按表 5.1.2 选取：

表 5.1.2 建筑采暖热指标推荐值

单位：W/m²

建筑物类型	采取节能措施的热指标	未采取节能措施的热指标
住宅	40～45	58～64
居住区综合	45～55	60～67
学校、办公	50～70	60～80
医院、托幼	55～70	65～80
旅馆	50～60	60～70
商店	55～70	65～80
食堂餐厅	100～130	115～140
影剧院、展览馆	80～105	95～115
大礼堂、体育馆	100～150	115～165

注：①表中数值适用于我国东北、华北、西北地区。②热指标已包括约 5%的管网热损失。

5.2 冷负荷

5.2.1 冷负荷宜按下列方式确定：

（1）确定多能互补地源热泵系统的供冷系统负荷范围；

（2）调研多能互补地源热泵系统供冷系统负担范围内各类工业和民用建筑用户的空调冷负荷和工艺冷负荷，内容包括用户负荷需求、冷媒种类、温度范围、供冷期间、用能特点、纳入多能互补地源热泵系统意向等；

（3）进行多能互补地源热泵系统供冷系统范围内用户的负荷计算。

5.2.2 冷负荷计算应包括下列内容：

（1）用户设计冷负荷和典型设计日逐时冷负荷；

（2）供冷站设计冷负荷和典型设计日逐时冷负荷；

（3）供冷站全年逐时冷负荷。

5.2.3 冷负荷计算应符合下列规定：

（1）民用建筑用户空调供冷逐时冷负荷应按现行国家标准《民用建筑供暖通风与空气调节设计规范》（GB 50736—2012）的规定计算，工业建筑用户空调供冷逐时冷负荷（含工艺冷负荷）应按工艺要求或现行国家标准《工业建筑供暖通风与空气调节设计规范》（GB 50019—2015）的规定计算；

（2）多能互补地源热泵系统供冷设计典型日逐时负荷，宜取全年逐时冷负荷中最大日负荷对应的逐时值，并以其中最大值为设计小时负荷；

（3）冷负荷计算时应计入同时使用系数。

【解释说明】根据《城市供热规划规范》（GB/T 51074—2015），空调冷负荷指标宜按表 5.2.3 选取。

表 5.2.3　　空调冷负荷指标

建筑物类型	冷负荷指标（W/m²）
办公	80～110
医院	70～110
宾馆、饭店	70～120
商场、展览馆	125～180
影剧院	150～200
体育馆	120～200

注：体型系数大，使用过程中换气次数多的建筑取上限。

5.2.4　多能互补地源热泵系统冷负荷计算的同时使用系数，应根据区域内用户负荷特性综合分析确定，缺少资料时可根据用户负荷特性、区域类型和建筑类型按表 5.2.4 选取。

表 5.2.4　冷负荷同时使用系数

区域名称	同时使用系数	备注
大学园区	0.49~0.55	教室、实验室、图书馆、行政办公室、体育馆、宿舍、餐厅等建筑
商务区	0.7~0.77	商业中心、办公楼、文化建筑、酒店、医院
综合区	0.65~0.7	上述两类主要建筑及功能同时具有

5.3 蓄热（冷）负荷

5.3.1　当多能互补地源热泵系统中有蓄能时，应对设计蓄能—释能周期内的冷热负荷进行逐时计算。蓄能—释能周期应根据热（冷）负荷的特点、电网峰谷时段等因素，经过技术经济比较确定。

【解释说明】一般选择以一个设计日为蓄能系统的蓄能—释能周期；根据热（冷）负荷的周期变化规律，也可将更长的时间作为一个蓄能—释能周期。

5.3.2　蓄冷系统冷负荷计算方法应符合现行国家标准《民用建筑供暖通风与空气调节设计规范》（GB 50736—2012）的相关规定，并应计算蓄冷—释冷周期内的逐时负荷。

【解释说明】对于蓄冷—释冷周期大于一个设计日的蓄冷系统，在进行蓄冷—释冷周期内逐时负荷计算时，其室外气象参数应以当地标准年气象数据为准，并选择平均温度较高的时间段，将该时间段内的室外逐时温度作为蓄冷—释冷周期内各天的室外计算逐时温度。

5.3.3　采用蓄冷系统时，应根据典型设计日和至少 2 个其他典型工况的逐时负荷分析来确定逐时负荷系数。

【解释说明】逐时负荷系数法是参照冷负荷估算指标，将冷负荷估算指标乘以建筑物的建筑面积，计算出各种类型建筑物的空调负荷，再乘以表 5.3.3 中的典型日逐时冷负荷系数，得出逐时冷负荷。叠加后，找出最大逐时冷负荷，即为系统设计总冷负荷，计算公式为：

$$Q = \sum_{i=1}^{n} k_i j_i f_i q_i \qquad (5.3.3)$$

式中：Q——依据逐时冷负荷系数计算出各小时逐时冷负荷中的最大值；

k_i——各种不同类型建筑的逐时负荷系数；

j_i——不同类型建筑物的空调面积百分比（%）；

f_i——不同类型建筑物的建筑面积（m²）；

q_i——不同类型建筑物冷负荷指标（W/m²）。

不同类型建筑物的逐时负荷系数见表 5.3.3。

表 5.3.3　不同类型建筑物的逐时负荷系数

时间	写字楼	宾馆	商场	餐厅	咖啡厅	夜总会	保龄球馆
1：00	0	0.16	0	0	0	0	0
2：00	0	0.16	0	0	0	0	0
3：00	0	0.25	0	0	0	0	0
4：00	0	0.25	0	0	0	0	0
5：00	0	0.25	0	0	0	0	0
6：00	0	0.5	0	0	0	0	0
7：00	0.31	0.59	0	0	0	0	0
8：00	0.43	0.67	0.4	0.34	0.32	0	0
9：00	0.7	0.67	0.5	0.4	0.37	0	0
10：00	0.89	0.75	0.76	0.54	0.48	0	0.3
11：00	0.91	0.84	0.8	0.72	0.7	0	0.38
12：00	0.86	0.9	0.88	0.91	0.86	0.4	0.48
13：00	0.86	1	0.94	1	0.97	0.4	0.62
14：00	0.89	1	0.96	0.98	1	0.4	0.76
15：00	1	0.92	1	0.86	1	0.41	0.8

时间	写字楼	宾馆	商场	餐厅	咖啡厅	夜总会	保龄球馆
16：00	1	0.84	0.96	0.72	0.96	0.47	0.84
17：00	0.9	0.84	0.85	0.62	0.87	0.6	0.84
18：00	0.57	0.74	0.8	0.61	0.81	0.76	0.86
19：00	0.31	0.74	0.64	0.65	0.75	0.89	0.93
20：00	0.22	0.5	0.5	0.69	0.65	1	1
21：00	0.18	0.5	0.4	0.61	0.48	0.92	0.98
22：00	0.18	0.33	0	0	0	0.87	0.85
23：00	0	0.16	0	0	0	0.78	0.48
24：00	0	0.16	0	0	0	0.71	0.3

5.3.4 蓄热系统设计热负荷的计算应符合现行国家标准《民用建筑供暖通风与空气调节设计规范》（GB 50736—2012）的相关规定。设计蓄热—释热周期内的逐时热负荷应按下列方法之一计算。

（1）应按设计热负荷的稳态方法进行计算；

（2）应采用动态负荷模拟计算软件进行计算，并应采用室外平均温度与室外计算温度相近时间段的逐时负荷计算结果。

【解释说明】本条给出了设计蓄热—释热周期内的逐时热负荷的计算方法。其中，按照设计热负荷的稳态计算方法，需要提供供暖或空调的室外逐时计算温度，而现行国家标准《民用建筑供暖通风与空气调节设计规范》（GB 50736—2012）及其他标准对此尚未作出规定。供暖和空调的室外计算温度及逐时温度是根据现行国家标准《民用建筑供暖通风与空气调节设计规范》中相关规定统计得出的。

此外，也可采用软件进行动态负荷模拟计算。由于冬季热负荷受建筑构件热惰性影响较大，若仅对一个蓄热—释热周期进行动态模拟，可能导致计算结果与实际偏差较大，因此应对整个供暖季进行逐时模拟计算。实际上，采用目前常用的动态软件进行负荷模拟计算时，模拟时间的增加并不会提高计算的复杂程度。

动态负荷模拟计算软件一般采用典型气象年逐时室外气象参数进行计算，计算结果也是供暖季的逐时热负荷。此时，就需要选择与室外计算温度相近的时间段（如果蓄能—释能周期为 1 d，就选择日平均温度与室外计算温度相近的 1 d），并将这个时间段的计算结果作为蓄热—释热周期内的逐时热负荷。

5.3.5 当进行蓄冷—释冷周期的逐时负荷平衡计算时，应计入蓄冷装置、冷水管路和其他设备的得热量，以及转化为多能互补地源热泵系统得热的水泵发热量。

【解释说明】在常规制冷系统中常被忽视的相对较小的得热量，在最大小时负荷中有可能只占很小的比例，但在蓄冷系统的累计负荷中可能占有较大的比例，所以蓄冷的冷负荷应充分考虑各种附加得热。

在方案设计或初步设计阶段，蓄冷装置和冷水管路得热量引起的附加得热量可按设计蓄冷—释冷周期内总负荷的 3%～5%进行估算。

5.3.6 当进行间歇运行的蓄冷系统负荷计算时，应计入多能互补地源热泵系统停机时段累计得热量所形成的附加冷负荷。

【解释说明】间歇运行的多能互补地源热泵系统在运行开始后的一段时间内，一般还要承担系统停机时段积累得热量所形成的冷负荷。这样的负荷一般不会影响常规系统的容量，但在蓄冷系统中应该考虑。

5.3.7 当进行间歇运行的蓄热系统负荷计算时，应根据停机时间、预热时间和保证率等因素，计入停机时段累计耗热量所形成的附加热负荷。

【解释说明】供暖系统间歇运行时，在停机时段建筑构件本身的蓄热性能使室内外温差仍然存在，建筑仍然持续向外释放热量，建筑内表面温度也随之逐渐降低。而供暖系统恢复运行后，较低的建筑内表面温度在最初的几个小时内形成了较大的附加热负荷。因此，供暖系统间歇运行时，一般需要提前一定时间开启系统，以降低峰值热负荷。

根据相关要求，间歇附加率按不同情况可取 20%或 30%。由于该附加率是平均附加率，因此应根据间歇时间、预热时间、室内温度保证率等情况，合理分配逐时附加率。

当采用动态负荷模拟计算软件时，可按照设计要求对间歇时间、预热时间、室内温度等进行设置，并进行动态计算，直接得到逐时热负荷。

5.3.8 对于改、扩建的多能互补地源热泵系统工程，蓄能负荷宜采用实测和计算相结合的方法得出。

【解释说明】改造工程的原有负荷数据主要来自：

（1）原监测控制系统的历史记录；

（2）原系统冷、热源设备的运行记录；

（3）在与设计气象数据相近的条件下进行测试得到的数据；

（4）根据非设计气象条件下的测试数据建立数学模型，计算设计气象条件下的负荷。

6. 浅层地热能勘察与评估

6.0.1 多能互补地源热泵系统方案设计前，应进行工程场地状况调查，并应对地热能资源进行勘察，确定地源热泵系统实施的可行性与经济性。当浅层地埋管地源热泵系统的应用建筑面积大于或等于 5 000 m² 时，应进行现场岩土热响应试验。

【解释说明】工程场地状况及地热能资源条件是应用地源热泵系统的基础。多能互补地源热泵系统方案设计前，应根据调查及勘察情况，选用适合的地源热泵系统。考虑到系统安全性，当浅层地埋管地源热泵系统应用建筑面积在 5 000 m² 及以上时，必须进行岩土热响应试验，取得岩土热物性参数，并将其作为地埋管地源热泵系统设计的基础参数。岩土热物性参数包括岩土体导热系数以及体积比热容等，由于钻孔单位延米换热量是在特定测试工况下得到的数据，因此受工况影响较大，不能用于地埋管地源热泵系统设计。

工程规模越大，负荷越大，所需的换热器布设场地就越大，产生地层和换热能力变化的可能性也就越大，因此测试孔的数量应随工程建筑规模的扩大而增加，且尽量分散布置，使勘察测试结果可以代表换热孔布设区域的地质条件和换热条件。

6.0.2 勘察前应收集建设场地及其周边一定范围内的工程地质、水文地质、已建地源热泵工程勘察和运行情况等资料，选择适宜的浅层地热能换热方式，确定相应的勘察方法。

【解释说明】岩土体地质条件勘察可参照《岩土工程勘察规范》（GB 50021—2001）及《供水水文地质勘察规范》（GB 50027—2001）。

6.0.3 勘察单位应编写浅层地热能地质条件评估报告。

6.0.4 在多能互补地源热泵系统方案设计前，应进行工程场地状况调查。

调查内容包括：

（1）场地规划面积、形状及地形地貌特征；

（2）场地内已有建筑物和规划建筑物的占地面积及其分布；

（3）场地内已有树木植被、池塘、排水沟、架空输电线、市政管网、交通设施、历史文化遗迹、电信电缆的分布，以及规划综合管线的分布；

（4）场地内已有的、计划修建的地下管线和地下构筑物的分布及其埋深；

（5）交通道路状况以及施工所需的电源、水源情况；

（6）浅层地热能利用工程场区及附近地下水径流方向、速度、地下水静水位、水温、水质分布、冻土层厚度等。

6.0.5 浅层地热勘察范围为地埋管换热系统建设场地范围内，勘察应包含以下内容：

（1）查明岩土层岩性结构、地下水位、地温场分布特征；

（2）通过勘探孔取样、测试分析获得勘察场地岩土体的天然含水率、孔隙率、颗粒结构、密度、导热系数、比热容等；

（3）勘探孔应进行现场热响应试验，取得换热孔的有效传热系数、岩土体平均导热系数、地层初始温度等参数，计算确定换热孔的合理间距；

（4）进行地埋管换热系统场地浅层地热能评价，提出合理的开发利用方案。

6.0.6 浅层地热勘察应满足以下要求：

（1）水平地埋管换热系统工程，工程场地勘察采用槽探或钎探进行，槽探位置和长度应根据场地形状确定，槽探的深度宜超过预计的埋管深度 1 m，钎探技术标准参照《建筑地基基础工程施工质量验收标准》（GB 50202—2018）的相关规定执行。竖直地埋管换热系统工程，工程场地勘察采用钻探进行，勘探孔深度宜比预计的埋管深度深 5 m，勘探孔应进行地球物理测井。

（2）测试孔布设应充分考虑工程场地内地质条件差异和换热孔分布情况，宜分散布设于待埋管区域。

（3）勘察工作量的布置，按表 6.0.6 确定。

表 6.0.6　探槽和测试孔数量

埋管方式	系统应用建筑面积 A（m²）	槽探、测试孔数量（个）
水平	A＜500	1（探槽）
	A≥500	≥2（探槽）
竖直	5 000≤A＜10 000	1～2（孔）
	10 000≤A＜50 000	≥2（孔）
	A≥50 000	≥4（孔）

6.0.7　浅层地热勘察内容应包括：

（1）岩土体地层岩性结构、地下水位、冻土层厚度、地下水径流方向、速度、地温场分布特征；

（2）开展岩土热响应试验，获得项目场区岩土体初始平均温度、岩土体综合热物性及岩土体换热能力等参数；

（3）岩土热响应试验应符合附录 A 的规定。

【解释说明】岩土体综合热物性指岩土体的热物性参数，包括岩土体导热系数、密度及比热等。若埋管区域已具有权威部门认可的岩土体热物性参数，可直接采用已有数据，否则应进行岩土体导热系数、密度及比热等热物性测定。测定方法可采用实验室法或现场测定法。

（1）实验室法：对勘探孔不同深度的岩土体样品进行测定，并以其深度加权平均，计算该勘探孔的岩土体热物性参数；对探槽不同水平长度的岩土体样品进行测定，并以其长度加权平均，计算该探槽的岩土体热物性参数。

（2）现场测试法：也就是岩土热响应试验，岩土热响应试验详见本指南附录 A。

6.0.8　浅层地热能地质条件评估报告的内容应包括：

（1）建设项目的规模、功能及冷热需求，勘察区以往地质工作程度及浅层地热能开发利用现状，勘察工作的进程及完成的工作量；

（2）勘察区的自然地理条件、气象和水文特征、区域地质条件、地层分布特征，含水层（带）的空间分布，地下水的水质、水位动态特征及补给、径流、排泄条件；

（3）勘察工作的主要内容及其布置，工作的主要成果；

（4）岩土热响应试验结果：浅层地热能利用量计算的依据，计算浅层地热能；根据保护资源、合理开发的原则，提出相应的利用方式及保证程度，预测可能变化的趋势；

（5）评价浅层地热能的资源条件，提出拟建换热系统的方式；建议换热系统的初步方案；

（6）拟建工程的经济性和风险性分析；

（7）施工中和运行后应注意的事项：地温场监测点的设置及要求。

7. 燃气供热系统设计

7.1 锅炉热水供应系统

7.1.1 多能互补地源热泵系统能源站内锅炉台数和容量应结合项目最终规模统一规划、远近结合，以近期为主，预留远期设备位置。

7.1.2 多能互补地源热泵系统能源站内锅炉台数和容量应根据设计热负荷并经技术经济比较后确定，同时应符合下列要求：

（1）锅炉台数和容量应按所有运行热源设备在额定热功率时能满足能源站最大计算热负荷的要求设计；

（2）应保证锅炉在较高或较低热负荷运行工况下能安全运行，并应使锅炉台数、额定热功率、锅炉效率和其他运行性能均能有效地适应热负荷变化，且应考虑热负荷低峰期设备的运行工况，保证设备在最低热负荷下安全运行；

（3）能源站内的锅炉总台数不宜超过 4 台；

（4）能源站内的 1 台额定热功率最大的锅炉检修时，其余热源设备应能满足下列要求：

①连续生产用热所需的最低热负荷；

②供暖通风、空调和生活用热所需的最低热负荷，并不低于设计热负荷的 65%。

【解释说明】本条对多能互补地源热泵系统能源站内锅炉台数和容量的选择做了详细的规定。锅炉台数和容量首先要满足热负荷需要，并进行技术经济比较，结合热负荷的调度、锅炉检修和扩建可能性来确定。

本条规定的多能互补地源热泵系统能源站内锅炉总台数不宜超过 4 台，引自《锅炉房设计标准》（GB 50041—2020）。本条认为多能互补地源热泵系统能源站属于非独立锅炉房。本条规定当能源站内最大的 1 台锅炉检修时，其余热源设备能满足连续生产用热所需的最低热负荷以及采暖通风、空调和生活用热所需的最低热负荷，并不低于设计热负荷的 65%。在特殊情况下，如当 1 台锅炉能满足热负荷要求，同时又能满足检修需要时，尤其是当这台锅炉停运时，其余热源能够满足设计热负荷的 65%或对外停止供热不对生产造成影响时，可只设置 1 台锅炉。

7.1.3 多能互补地源热泵系统能源站内锅炉系统工艺布置应确保设备安装、操作运行、维护检修的安全和方便，并应使各种管线流程短、结构简单，使能源站面积和空间使用合理、紧凑。

【解释说明】本条是对锅炉工艺设计的基本要求，是在锅炉工艺设计中应贯彻的原则。本条所叙述的各种管线包括输送汽、水、风、烟、油、气等介质的管线，对这些管线应能合理、紧凑地布置。

7.1.4 多能互补地源热泵系统能源站内锅炉之间的操作平台宜连通；锅炉系统所有高位布置的辅助设施及监测、控制装置、管道阀门等需操作和维修的场所，应设置方便操作的安全平台和扶梯；阀门可设置传动装置，引至楼（地）面进行操作。

7.1.5 锅炉操作地点和通道的净空高度不应小于 2 m，并应符合起吊设备操作高度的要求；在锅筒、省煤器及其他发热部位的上方，当不需操作和通行时，其净空高度可为 0.70 m。

7.1.6 多能互补地源热泵系统能源站内锅炉与建筑（构）物以及设备与设备之间的间距应满足运行、维护、检修的要求。锅炉与建筑物的净距应符合下列规定：

（1）当单台热水锅炉容量大于或等于 0.7 MW，不大于 2.8 MW 时，炉前净距不小于 2.5 m，炉侧和炉后通道不小于 0.8 m；

（2）当单台热水锅炉容量大于 2.8 MW，小于或等于 14 MW 时，炉前净距不小于 3.0 m，炉侧和炉后通道不小于 1.5 m；

（3）当单台热水锅炉容量大于 14 MW 时，炉前净距不小于 4 m，炉侧和炉后通道不小于 1.8 m；

（4）当需在炉前更换锅管时，炉前净距应能满足操作要求；大于 4.2 MW 的热水锅炉，当需在炉前设计仪表控制室时，锅炉前端到仪表控制室的净距可减为 3 m。

7.1.7 热水锅炉的出口水压，不应低于锅炉最高供水温度加 20℃相应的饱和压力。

【解释说明】运行实践证明，温度裕度低于 20℃，锅炉就有汽化的危险，为防止汽化的发生，本条规定热水锅炉的温度裕度不小于 20℃。

7.1.8 热水锅炉应有防止或减轻因热水系统的循环水泵突然停运而造成的锅水汽化和水击的措施。

【解释说明】当突然停电时，循环水泵停运，锅炉内热水循环停止，此时锅炉内压力下降，锅水沸点降低，而锅水温度因炉膛余热加热而连续上升，将导致锅水汽化。对于水容量大的锅炉，因突然停电导致的锅水汽化一般不会造成事故，但若处理不当，则会造成暖气片爆裂等情况；对于水容量小的锅炉，突然停电造成的锅水汽化情况比较严重。汽化时，锅内会发生汽水撞击，锅炉进出口水管和炉体剧烈震动，甚至损坏仪表。

减轻和防止热水锅炉汽化的措施，可采用向锅炉加自来水，并在锅炉出水管上的放汽管缓慢放汽，使锅水流动降温，直至消除炉膛余热。也可设置备用电源或发电机组，或采用内燃机带动循环水泵，使锅水连续循环。以上措施在各地都有实际运行经验，在设计时可根据实际情况予以采用。

7.1.9 热水系统循环水泵进、出口母管之间，应装设带止回阀的旁通管，旁通管截面积不宜小于母管的 1/2；在进口母管上，应装设除污器和安全阀，安全阀应安装在除污器出水一侧；当采用气体加压膨胀水箱时，其连通管宜接在循环水泵进口母管上。

7.1.10 热水热力网采用集中质调时，循环水泵的选择应符合下列要求：

（1）循环水泵的流量应根据锅炉进出水设计温差、用户耗热量和管网损失等因素确定；在锅炉出口母管与循环水泵进口母管之间装设旁通管时，还应计入流经旁通管的循环水量。

（2）循环水泵的扬程，不应小于下列各项之和：

①能源站中设备及其管道的压力降；

②热网供、回水干管的压力降；

③最不利的用户内部系统的压力降。

（3）循环水泵台数不应少于 2 台，当其中 1 台停止运行时，其余水泵的总流量应满足最大循环水量的需要。

（4）并联循环水泵的特性曲线宜平缓、相同或近似。

（5）循环水泵的承压、耐温性能应满足热力网设计参数的要求。

7.1.11 热水热力网采用分阶段改变流量调节时，循环水泵不宜少于 3 台，其流量、扬程不宜相同。

【解释说明】采用分阶段改变流量的质调节的运行方式，可大量节约循环水泵的耗电量。把整个采暖期按室外温度的高低分为若干阶段，当室外温度较高时开启小流量的泵，室外温度较低时开启大流量的泵。在每一阶段保持一定流量不变，并采用热网供水温度的质调节，以满足供热需要。

在中小型供热系统中，一般采用两种不同规格的循环水泵，若水泵的流量和扬程选择合适，则能使循环水泵的运行电耗减少 40%。

对于大型供热系统来说，流量变化可分为 3 个或更多的阶段，不同阶段采用不同流量的泵，这样可使循环水泵的运行电耗减少 50% 以上。

这种分阶段改变流量的质调节方式，使网络的水力工况出现了等比失调，可采用平衡阀及时调节水力工况。为了保证分阶段运行的可靠性，循环水泵的台数不宜少于 3 台。

7.1.12 热水热力网采用改变流量的中央质—量调节时，应选用调速水泵，水泵台数不宜少于 2 台；调速水泵的特性，应满足不同工况下流量和扬程的要求。

7.1.13 热水管网循环水泵可采用两级串联设置，第一级水泵应安装在热水锅炉前，第二级水泵应安装在热水锅炉后。水泵扬程的确定应符合下列规定：

（1）第一级水泵的出口压力应保证在各种运行工况下不超过热水锅炉的承压能力，保证锅炉出口及第二级循环水泵入口的热水不汽化；

（2）当补水定压点设置在两级水泵中间时，第一级水泵出口压力应为供热系统的静压力值；

（3）第二级水泵的扬程不应小于设计流量下热源、供热管线、最不利用户环路压力损失之和扣除第一级泵的扬程值。

7.1.14 补给水泵的选择，应符合下列要求：

（1）补给水泵总流量应根据热水系统正常补给水量和事故补给水量确定，并应为正常补给水量的 4～5 倍；

（2）补给水泵扬程不应小于补水点压力加 30～50 kPa 的富裕量；

（3）补给水泵台数不应少于 2 台，其中 1 台备用，备用水泵应自动投入运行；

（4）宜选用调速水泵；

（5）热水系统正常补给水量应为系统循环水量的 1%。

7.1.15 采用氮气或蒸汽加压膨胀水箱作为恒压装置的热水系统，应符合下列要求：

（1）恒压点设在循环水泵进口端，循环水泵运行时，应使系统内水不汽化，循环水泵停止运行时，宜使系统内水不汽化；

（2）恒压点设在循环水泵出口端，循环水泵运行时，应使系统内水不汽化。

7.1.16 热水系统恒压点设在循环水泵进口端时，补水点位置宜设在循环水泵进口侧。

【解释说明】供热系统的定压点和补水点均设在循环水泵的吸水侧，即进口母管上，其优点是压力波动小。当循环水泵停止运行时，整个供热系统将处于较低的压力之下，若用电动水泵保持定压，则扬程较小，所耗电能少；若用气体压力箱定压，则水箱所承受的压力较低。总之，定压点设在循环水泵的进口母管上，补水点也宜设在循环水泵的同一进口母管上。

7.1.17 采用补给水泵作为恒压装置的热水系统，应符合下列要求：

（1）除突然停电外，应符合本指南第 7.1.15 条的要求；

（2）当引入能源站的给水压力高于热水系统静压线，在循环水泵停止运行时，宜采用给水保持热水系统静压；

（3）采用间歇补水的热水系统，在补给水泵停止运行期间，热水系统压力降低时不应使系统内水汽化；

（4）应设置补给水箱，水箱容积应满足系统稳定补水及泄压的要求；

（5）系统中应设置泄压装置，泄压排水宜排入补给水箱。

【解释说明】本条对采用补给水泵作为恒压装置的热水系统做出了规定：

（1）采用补给水泵作为恒压装置时，如遇突然停电，就不能向系统补水。在目前的条件下，突然停电很难避免，为此本条规定："除突然停电外，应符合本指南第 7.1.15 条的要求"。

（2）为了在有条件时弥补因停电而造成的损失，当给水（自来水）压力高于系统静压线时，停运时宜采用给水（自来水）保持静压，以避免系统汽化。

（3）补给水泵采用间歇补水时，系统在运行时的动压线是变化的，其变化范围在补水点最高压力和最低压力之间。间歇补水时，在补给水泵停止补水期间，如果补水点最低压力定得太低，就会导致热水系统汽化。为了避免这种情况，本条规定在补给水泵停止运行期间，热水系统压力降低时不应使系统内水汽化。

（4）采用补给水泵作为恒压装置时，要设置水箱，水箱的容积要能满足系统的补水及泄压的要求。

（5）用补给水泵作恒压装置的热水系统，不具备吸收水容积膨胀的能力。因此，在系统中要装设泄压装置，以防止水容积膨胀引起超压事故。

7.1.18 采用高位膨胀水箱作为恒压装置时，应符合下列要求：

（1）高位膨胀水箱与热水系统连接位置，宜设置在循环水泵进口母管上；

（2）高位膨胀水箱的最低水位，应高于热水系统最高点 1 m 以上，并宜使循环水泵停止运行时系统内水不汽化；

（3）设置在露天的高位膨胀水箱及其管道应采取防冻措施；

（4）高位膨胀水箱与热水系统的连接管上，不应装设阀门；

（5）膨胀水箱的容积应满足系统补水和泄压要求。

【解释说明】高位膨胀水箱作恒压装置，简单、稳定、可靠、省电，适用于低温热水系统，条件许可时也可用于高温热水系统。

（1）高位膨胀水箱与系统连接的位置可以在循环水泵的进、出口母管上，也可在锅炉出口。目前国内一般是连接在循环水泵进口母管上，这样可使水箱的安装高度低一些，在经济上合理一些。因此，本条规定"高位膨胀水箱与热水系统连接位置，宜设置在循环水泵进口母管上"。

（2）为防止热水系统停运时产生倒空，使系统吸进空气，加剧管道腐蚀，增加再次启动时的放气工作量，规定高位膨胀水箱最低水位需高于用户的最高点。对于供水温度低于100℃的热水系统，一般高于用户系统最高点1m以上。对于供水温度高于100℃的热水系统，不仅要求水箱安装高度高于用户系统最高点，还需满足系统停运时不能汽化的要求。

（3）为防止露天设置的高位膨胀水箱被冻裂，规定高位膨胀水箱及其管道要有防冻措施。

（4）为防止因误操作而造成的系统超压事故，规定高位膨胀水箱与系统的连接管上不设置阀门。

（5）在计算膨胀水箱容积时，要同时考虑系统的补水和泄压的要求。

7.1.19 热水系统内水总容量小于或等于500 m^3 时，定压补水装置可采用隔膜式气压水罐；定压补水点宜设在循环水泵进水母管上；补给水泵的选择，应符合本指南第7.1.14条的要求，设定的启动压力，应使系统内水不汽化。

【解释说明】隔膜式气压水罐是利用隔膜密闭技术，依靠气罐内气体的压缩和膨胀，在补给水泵停运时仍保证系统压力在运行波动范围内，使系统不汽化，实现补给水泵的间隔运行。受该装置的罐体容积和热水系统补水量的限制，隔膜式气压水罐适用于系统总水容量小于500 m^3 的小型热水系统。

7.1.20 热水管道设计应根据热力系统和工艺布置进行，并应符合下列要求：

（1）应便于安装、操作和检修；

（2）管道宜沿墙和柱敷设；

（3）管道敷设在通道上方时，管道最低点与通道地面的净高不应小于2m；

（4）管道不应妨碍门、窗的启闭与室内采光；

（5）应满足装设仪表的要求；

（6）管道应布置整齐。

【解释说明】热力系统和工艺设备布置是热水管道设计的依据，设计时据此进行。本条是对能源站热水管道布置提出的一些具体要求。

7.1.21 采用多管供热的能源站，宜设置分水缸；分水缸的设置，应根据用热需要和管理方便的原则确定。

7.1.22 能源站内与热水制备设备、水加热装置和循环水泵相连接的供水和回水母管应采用单母管；对需要保证连续不间断供热的能源站，宜采用双母管。

【解释说明】能源站内与热水锅炉、水加热装置和循环水泵相连接的供水和回水母管，应采用单母管；对必须保证连续供热的能源站，宜采用双母管，以便当某一母管出现事故或进行检修时，另一母管仍可保证供热。

7.1.23 每台热水锅炉与热水母管或分水缸之间的锅炉供水管上，均应装设两个阀门，其中 1 个应紧靠锅炉供水集箱出口，另 1 个宜装在靠近供水母管处或分水缸上。

7.1.24 每台热水锅炉与热水供、回水母管连接时，在锅炉的进水管和出水管上，应装设切断阀；在进水管的切断阀前，宜装设止回阀。

【解释说明】本条是保证热水锅炉与热水系统之间的安全连接所必需的。当几台热水锅炉并联运行时，应保证每台锅炉正常安全地切换。

7.1.25 每台锅炉宜采用独立的定期排污管道，并分别接至排污膨胀器或排污降温池；当几台锅炉合用排污母管时，在每台锅炉接至排污母管的干管上应装设切断阀，在切断阀前还应装设止回阀。

【解释说明】设置独立的定期排污管道，有利于锅炉安全运行。但当几台锅炉合用排污母管时，要考虑安全措施：在接至排污母管的每台锅炉的排污干管上装设切断阀，以备锅炉停运检修时关闭，保证安全。装设止回阀可避免因合用排污母管而在锅炉排污时相互干扰。

7.1.26 锅炉的排污阀及其管道不应采用螺纹连接，锅炉排污管道应减少弯头。

【解释说明】螺纹连接的阀门和管道容易发生泄漏，故规定不应采用螺纹连接。排污管道中的弯头容易积聚污物，导致排污管堵塞，所以要减少弯头，保证管道的畅通。

7.1.27 锅炉本体安全阀的排水管应直通室外安全处，并有足够的排放流通面积，保证排放畅通。在排水管上不应装设阀门，并且应有防冻措施。两个独立安全阀的排水管不应相连。

7.2 锅炉燃气系统

7.2.1 燃烧器的选择应适应气体燃料特性，并应符合下列要求：

（1）能适应燃气成分在一定范围内的改变；

（2）能较好地适应负荷变化；

（3）具有微正压燃烧特性；

（4）火焰形状与炉膛结构相适应；

（5）噪声较低；

（6）有利于降低氮氧化物排放。

【解释说明】本条提出了选择燃烧器的主要技术要求，同时还要考虑价格因素和环境保护要求。目前，国内主要城市加大了大气污染物排放的治理力度，如北京等城市提高了锅炉氮氧化物的排放标准。为满足锅炉大气污染物排放标准，提出对锅炉燃烧器的要求是必要的。

7.2.2 设有备用燃料的多能互补地源热泵系统能源站，其锅炉燃烧器的选用应能适应燃用相应的备用燃料。

【解释说明】考虑到多能互补地源热泵系统能源站的备用燃料与正常使用的燃料性质有所不同，为使锅炉燃烧系统在使用备用燃料时也能正常运行，规定对锅炉燃烧器的选用能适应燃用相应的备用燃料是必要的。

7.2.3 当多能互补地源热泵系统能源站使用城镇燃气作为气源时，燃气质量应符合现行国家标准《城镇燃气技术规范》（GB 50494—2009）的有关规定；当多能互补地源热泵系统能源站采用其他类型燃气作为气源时，燃气的质量、压力、流量应满足相关要求及用气设备的要求。

7.2.4 多能互补地源热泵系统能源站的燃气调压站、调压装置和计量装置设计，应符合现行国家标准《城镇燃气设计规范》（GB 50028—2006）的有关规定。

【解释说明】多能互补地源热泵系统能源站工程在燃气系统中属商业用户，燃气的过滤、计量、调压等设计应符合《城镇燃气设计规范》的有关规定。

7.2.5 多能互补地源热泵系统能源站燃气管道宜采用单母管，常年不间断供热时，宜采用从不同燃气调压箱接来的两路供气的双母管。

【解释说明】通常情况下，多能互补地源热泵系统能源站燃气管道宜采用单母管，连续不间断供热的能源站可采用双调压箱或源于不同调压箱的双供气母管，以提高供气安全性。

7.2.6 在引入多能互补地源热泵系统能源站的室外燃气母管上，在安全和便于操作的地点，应装设与能源站燃气浓度报警装置联动的紧急切断阀，阀后应装设气体压力表。

7.2.7 多能互补地源热泵系统能源站燃气管道宜架空敷设；输送相对密度小于 0.75 的燃气管道，应设在空气流通的高处；输送相对密度大于 0.75 的燃气管道，宜装设在能源站外墙和便于检测的位置。

7.2.8 燃气管道上应装设放散管、取样口和吹扫口，并应符合下列要求：

（1）其位置应能将管道与附件内的燃气或空气吹净；

（2）不同用气压力级别的放散管应分别汇合成总管后引至室外，其排出口应高出能源站屋脊 2 m 以上；当能源站地下布置时，放散管的排出口应高出地上建筑物屋脊 2 m 以上，无地上建筑时，放散管管口距地面的高度不小于 4 m；且应使放出的气体不致窜入邻近的建筑物和被通风装置吸入。

（3）密度比空气大的燃气放散，应采用高空或火炬排放，并应满足最小频率上风侧区域的安全和环境保护要求；当工厂有火炬放空系统时，宜将放散气体排入该系统中。

【解释说明】日常维修和停运时燃气管道要进行吹扫放散，系统设置以吹净为目的，不留死角。密度比空气大的燃气应采用高空或火炬排放。

7.2.9 燃气放散管管径，应根据吹扫段的容积和吹扫时间确定；吹扫量可按吹扫段容积的 10～20 倍计算，吹扫时间可采用 15～20 min；吹扫气体可采用氮气或其他惰性气体。

【解释说明】吹扫量和吹扫时间是经验数据，工程实践中，确认可以满足要求。

7.2.10 每台锅炉燃气干管上，应配套性能可靠的燃气阀组，阀组前燃气供气压力和阀组规格应满足燃烧器最大负荷需要；阀组基本组成和顺序应为切断阀、压力表、过滤器、稳压阀、波纹接管、2 级或组合式检漏电磁阀、阀前后压力开关和流量调节蝶阀；点火用的燃气管道，宜从燃烧器前燃气干管上的 2 级或组合式检漏电磁阀前引出，并应在其上装设切断阀和 2 级电磁阀。

7.2.11 锅炉燃气阀组切断阀前的燃气供气压力应根据燃烧器要求确定，并宜设定在 5～20 kPa 之间，燃气阀组供气质量、流量应能使锅炉在允许负荷变化范围内运行时，燃烧器稳定燃烧。

【解释说明】本条是经技术经济比较后确定的。进口燃气阀组与整体式燃烧器标准配置时，阀组接口处燃气供气压力要求为 12～15 kPa，分体式燃烧器要求 20 kPa，如果燃气压力偏低，阀组通径就要放大，此时投资增加较多，2 t/h 以下小锅炉的燃气供气压力可以低一些，但也不宜低于 5 kPa。本条规定的前提是，燃气供气压力和流量能满足燃烧器稳定燃烧要求，供气压力稍偏高一些为好，但若超过 20 kPa，泄漏的可能性就会增加，就会不安全。

7.2.12 燃气管道穿越楼板或隔墙时，应敷设在套管内，套管的内径与燃气管的外径四周间隙不应小于 20 mm；套管内管段不得有接头，管道与套管之间的空隙应用麻丝填实，并应用不燃材料封口；管道穿越楼板的套管，上端应高出楼板 60～80 mm，套管下端与楼板底面（吊顶底面）平齐。

【解释说明】燃气管道穿越楼板、隔墙时，要敷设在保护套管内，这是一种安全措施。

7.2.13 燃气管道垂直穿越建筑物楼层时，应设置在独立的管道井内，并应靠外墙敷设；穿越建筑物楼层的管道井，每隔 2 层或 3 层应设置不低于楼板耐火极限的防火隔断；相邻 2 个防火隔断的下部，应设置丙级防火检修门；建筑物底层管道井防火检修门的下部，应设置带有电动防火阀的进风百叶；管道井顶部应设置通大气的百叶窗；管道井应采用自然通风。

【解释说明】燃气管道井要有一定的自然通风条件，同时在火灾发生时，能阻止管道井的引风作用。

7.2.14 管道井内的燃气立管上不应设置阀门。

【解释说明】阀门存在严密性问题，为确保管道井内安全，防止有可燃气体从阀门处泄漏，引发事故，规定在管道井内的燃气立管上不设置阀门。

7.3 水处理系统

7.3.1 水处理设计应符合热水供应系统设备和管道安全、经济运行的要求。

7.3.2 热水锅炉的水质，应符合现行国家标准《工业锅炉水质》（GB/T 1576—2018）的有关规定。

7.3.3 应取得原水的水质分析报告。根据原水水质、补给水水质、补给水量等因素确定水处理方式。

7.3.4 当原水水压不能满足水处理工艺要求时，应设置原水加压设施。当原水水质不满足软化除盐设备的进水水质要求时，应进行预处理。

【解释说明】原水水压不能满足水处理工艺系统要求时，要设置原水加压设施，具体做法要根据水处理系统的要求和现场情况确定。锅炉用水预处理及软化除盐设计应符合现行国家标准《工业用水软化除盐设计规范》（GB/T 50109—2014）的有关规定。

7.3.5 热水锅炉的补给水，应采用锅外水处理；单台额定热功率小于或等于 4.2 MW 的非管架式热水锅炉可采用锅内加药处理。

【解释说明】根据现行国家标准《工业锅炉水质》（GB/T 1576—2018）的规定，热水锅炉的补给水应采用锅外水处理系统，还规定了可采用锅内加药水处理的热水锅炉的范围。不属于所述范围的热水锅炉，不应采用锅内加药水处理方式。凡采用锅内加药水处理的热水锅炉，应加强对锅炉的结垢、腐蚀和水质的监督，做好运行操作工作。

7.3.6 采用锅内加药水处理时，除应符合《工业锅炉水质》（GB/T 1576—2018）的有关规定外，还应符合下列规定：

（1）应设置自动加药设施；

（2）应设有锅炉排泥渣和清洗的设施。

【解释说明】采用锅内加药水处理的锅炉给水和锅水的水质，除应符合现行国家标准外，还应符合本条规定。当采用锅内加药水处理时，要采取从设计上保证锅炉不结垢或少结垢的措施。

7.3.7 软化或除盐水处理设备的出力，应按下列各项损失和消耗量计算：

（1）供暖热水系统的补给水；

（2）锅炉排污水损失；

（3）水处理系统的自用软化或除盐水；

（4）其他用途的软化或除盐水。

【解释说明】本条明确规定了计算软化水或除盐水的水处理设备出力时要包括的各项损失和消耗量。

7.3.8 软化或除盐水箱的总有效容量，应根据水处理设备的设计出力和运行方式确定；当设有再生备用设备时，软化或除盐水箱的总有效容量应按30～60 min 的软化或除盐水消耗量确定。

【解释说明】本条对软化或除盐水箱的总有效容量和设置要求做了规定，以保证水箱能安全运行。

7.3.9 软化水泵应有1台备用，当其中1台停止运行时，其余的总流量应满足系统水量要求。

【解释说明】软化水泵为系统中间环节的加压水泵，其流量和扬程均要满足系统的要求。水泵容量、台数的配置及备用泵的设置均要能保证系统的安全运行。

7.3.10 热水系统补给水的除氧，应采用低温除氧方式；当采用亚硫酸钠加药除氧时，应监测锅水中亚硫酸根的含量。

【解释说明】热水系统如果没有蒸汽来源，采用热力除氧是不可行的，采用真空除氧、解析除氧或化学除氧等低温除氧系统，可达到除氧要求。当采用亚硫酸钠加药除氧时，要监测锅水中亚硫酸根的含量，保证在 10～30 mg/L 范围内。

7.3.11 磷酸盐溶液的制备设施，宜采用溶解器和溶液箱；溶解器应设置搅拌和过滤装置；溶液箱的有效容量，不宜小于能源站 1 d 的药液消耗量；磷酸盐可采用干法贮存；磷酸盐溶液制备用水应采用软化水或除盐水。

7.3.12 磷酸盐加药设备宜采用计量泵；每台锅炉宜设置 1 台计量泵；当有数台锅炉时，尚宜设置 1 台备用计量泵；磷酸盐加药设备，宜布置在锅炉间运转层。

【解释说明】本条规定了磷酸盐加药设备的选用和备用配置的原则，为便于运行人员的操作和管理，加药设备宜布置在锅炉间运转层。

7.3.13 在供热系统中，应装设取样点；取样介质温度较高时应设置取样冷却器；取样头的型式、引出点和管材，应满足样品具有代表性和不受污染的要求；汽水样品的温度，宜小于 30℃。

【解释说明】供热系统要装设必要的取样点，取样介质温度较高时应设置取样冷却器。为保证样品的代表性，取样管路不宜过长，以免使样品品质发生变化，取样管路及设备应采用耐腐蚀的材质。汽水样品温度小于 30℃，可保证样品的质量和取样的安全。

7.3.14 各类软化工艺设备及管材应选用与介质相适应的耐腐蚀材料，或采取防腐措施。

7.3.15 再生用氯化钠宜采用湿式贮存，氯化钠溶解槽不宜少于 2 台。氯化钠溶解系统宜设起吊设施。

7.3.16 氯化钠溶液应采用软化水配置，并应有过滤装置。

【解释说明】设置氯化钠溶液过滤器，主要是考虑到工业食盐中所含的杂质和贮存溶解过程中混入的杂质易影响钠离子交换器的再生质量。

7.3.17 单台氯化钠计量箱的有效容积应满足 1 台钠离子交换器一次最大再生剂用量的要求。

7.4 锅炉烟风系统

7.4.1 燃气锅炉宜微正压燃烧，其鼓风机应单炉配置。

【解释说明】单炉配置鼓风机，有漏风少、省电、便于操作的优点。目前锅炉厂对单台额定热功率大于或等于 0.7 MW 的锅炉都是单炉配置鼓风机的。

7.4.2 锅炉风机配置和选择，应符合下列要求：

（1）应选用高效、节能和低噪声风机；

（2）风机风量和风压计算，应根据锅炉额定热功率、燃料品种、燃烧方式和通风系统的阻力计算确定，并应按当地气压及空气、烟气的温度和密度对风机特性进行修正；当采用烟气再循环脱氮时，还应根据再循环风道引入口与鼓风机的相对位置，对风机的风量和风压进行校核；

（3）鼓风机的电机宜具有调速功能；

（4）风机在正常运行条件下，应处于较高的效率范围。

【解释说明】选用高效、节能和低噪声的风机，是多能互补地源热泵系统能源站设计中体现国家有关节能、环境保护政策的基本要求。

风机性能的选用与所配置的锅炉的出力、燃料的品种、燃烧方式和烟风系统的阻力等因素有关，应通过校核计算确定，同时要根据当地的气压和空气、烟气的温度、密度的变化对所选风机性能进行修正。

通过改变电动机转速来调节风机的风量和风压，具有更好的节能效果，因此要求鼓风机的电机宜具有调速功能。

当风机在偏离选型工况点运行时，其效率会下降，因此风机选型时除了要准确计算锅炉额定负荷下的风机风量及风压值，选取合适的裕量，还要结合锅炉负荷的变化提出风机高效运行的范围。

7.4.3 锅炉风道、烟道系统设计，应符合下列要求：

（1）应使风道、烟道气密性好、附件少和阻力小；

（2）采用烟气再循环时，循环烟气和燃烧用空气的压力应匹配，并有防止振动、避免结冰等措施；

（3）燃气锅炉烟道和烟囱宜单独设置；当多台锅炉合用 1 条总烟道时，应保证每台锅炉排烟时互不影响，并应使每台锅炉的通风力均衡，每台锅炉支烟道出口应安装密封可靠的烟道门并有连锁装置；

（4）对烟道和热风道的热膨胀，应采取补偿措施；

（5）应在适当位置设置热工和环保等测点。

【解释说明】本条是对锅炉烟、风道系统设计的规定。

（1）本条第 1 款的规定是一般要求，目的是使烟风道的阻力小、泄漏少。

（2）采用烟气再循环时，要将循环烟气与燃烧用空气的压力相匹配，同时采取措施来防止振动、避免结冰等。

（3）多台锅炉共用烟道时，烟道设计应使每台锅炉的引力均衡，并防止各台锅炉在不同工况运行时发生烟气回流和聚集的情况。

（4）烟道和热风道存在热膨胀，要采取补偿措施，补偿措施可采用补偿器。

（5）设计风道、烟道时，要在适当位置设置必要的热工和环境保护等测点，并满足测试仪表及测点对装设位置的技术要求。

7.4.4 燃气锅炉烟道和烟囱设计，除应符合 7.4.3 条的规定外，还应符合下列规定：

（1）在烟气容易集聚的地方以及当多台锅炉共用 1 座烟囱或 1 条总烟道时，每台锅炉烟道出口处应装设防爆装置，其位置应有利于泄压；当爆炸气体有可能危及操作人员的安全时，防爆装置上应装设泄压导向管；

（2）燃气锅炉烟囱和烟道应采用钢制或钢筋混凝土构筑；燃气锅炉的烟道和烟囱最低点，应设置冷凝水排水设施；

（3）水平烟道长度应根据现场情况和烟囱抽力确定，并应使燃气锅炉能维持微正压燃烧的要求；

（4）水平烟道应有不小于 1%坡向锅炉或排水点的坡度；

（5）排烟温度低于烟气露点时，烟道及烟囱内壁应采取相应的防腐措施。

【解释说明】本条对燃气锅炉烟道和烟囱的设计做出规定。

（1）燃气锅炉的未燃尽介质往往会在烟道和烟囱中产生爆炸，为将这类爆炸造成的损失降到最低，要求在烟气容易聚集的地方装设防爆装置。

（2）砖砌烟囱或烟道会吸附一定量的烟气，燃气锅炉的烟气中往往存在可燃介质，当可燃介质被吸附后，在一定条件下可能产生爆炸，而砖砌烟囱或烟道的承压能力差，所以要求采用钢制或钢筋混凝土构筑。由于燃气锅炉的烟气中水分含量较高，故提出在烟道和烟囱最低点，设置水封式冷凝水排水管道的要求。

（3）烟囱的抽力主要是克服水平烟道的阻力，因此要缩短水平烟道的长度，减小烟气的阻力损失，并使锅炉能满足微正压燃烧的要求。

（4）烟气中的冷凝水宜排向锅炉，或在适当的位置设排水装置排出。

（5）本条第 5 款的规定主要是考虑烟道及烟囱的防腐蚀问题。

7.4.5 多能互补地源热泵系统能源站烟囱的高度应符合现行国家标准《锅炉大气污染物排放标准》（GB 13271—2014）及当地有关排放物治理的规定；能源站在机场附近时，烟囱高度还应符合航空净空要求。

7.4.6 燃气锅炉的烟气余热应回收利用，烟气余热利用设备后排烟温度宜小于 40℃。

8. 地源热泵系统设计

8.1 一般规定

8.1.1 多能互补地源热泵系统在方案选择时宜进行经济效益及环境效益评估。

8.1.2 多能互补地源热泵系统的设计应由具有相应设计资质的单位完成，应使建筑负荷需求与浅层地热能资源量相匹配。

8.1.3 换热系统的设计应以浅层地热能地质条件评估报告为依据，宜采用经济合理的辅助热源或冷源的调峰耦合方式。

8.1.4 多能互补地源热泵系统应进行至少一个冷热周期的热量平衡校核计算，系统总释热量和总吸热量应平衡。

8.1.5 多能互补地源热泵系统的最大释热量和最大吸热量相差不大时，对于地埋管换热系统应分别按供冷和供热工况进行地埋管换热器的长度计算，并取其较大者确定地埋管换热器的长度。

【解释说明】多能互补地源热泵系统最大释热量与建筑设计冷负荷相对应，包括各空调分区内热泵机组释放到循环水中的热量（空调负荷和机组压缩机耗功）、循环水在输送过程中得到的热量、水泵释放到循环水中的热量。将上述三项热量相加就可得到供冷工况下释放到循环水的总热量。

多能互补地源热泵系统最大吸热量与建筑设计热负荷相对应，包括各空调分区内热泵机组从循环水中的吸热量（空调热负荷，并扣除机组压缩机耗功）、循环水在输送过程中失去的热量，以及扣除水泵释放到循环水中的热量。将前

48

两项热量相加并扣除第三项就可得到供热工况下循环水的总吸热量。

8.1.6 多能互补地源热泵系统的最大释热量和最大吸热量相差较大时，宜进行技术经济比较，通过增设辅助热源（如太阳能加热器、锅炉等）或冷却塔等辅助散热的耦合措施来解决，也可以通过热泵机组的间歇运行来调节。

8.1.7 多能互补地源热泵系统应设置智慧监控系统，并应符合相关规范的规定。

8.2 地埋管管材与传热介质

8.2.1 地埋管及管件应符合设计要求，并应具有质量检验报告和生产厂家的合格证。埋管内外面应清洁、光滑，不应有明显的划伤、凹陷、颜色不均等缺陷，管端头应切割平整，并与管轴线垂直。

8.2.2 地埋管管材及管件应符合下列规定：

（1）地埋管应采用化学稳定性好、耐腐蚀、导热系数大、流动阻力小的塑料管材及管件，宜采用聚乙烯（PE）管（PE80 或 PE100），不宜采用聚氯乙烯（PVC）管。管件与管材应为相同材料。

（2）地埋管质量应符合国家现行标准中的各项规定。管材的公称压力及使用温度应满足设计要求。管材的公称压力不应小于 1.0 MPa。

8.2.3 为预防管道受热发生热变形，未安装的管材应避光存放。

8.2.4 竖直地埋管换热器的 U 型弯管接头，宜选用定型的 U 型弯头成品件，不应采用搋制弯头或焊接弯头。

【解释说明】考虑到安全强度，为了避免增加换热器泄露风险，禁止采用拼接管道作为换热器。

8.2.5 地埋管换热系统的传热介质应使用不低于《地下水质量标准》

（GB/T 14848—2017）中规定的Ⅲ类地下水质量标准的水，水中不应加注乙二醇等对环境产生危害的添加剂。

8.3 地埋管系统设计

8.3.1 地埋管换热系统设计前应明确待埋管区域内各种地下管线的种类、位置及深度，预留未来地下管线所需的埋管空间以及埋管区域进出重型设备的车道位置。

8.3.2 地埋管换热器进、出水温度应符合下列规定：

（1）夏季工况，地埋管换热器侧出水温度宜低于30℃；

（2）冬季工况，地埋管换热器侧进水温度宜高于4℃。

【解释说明】条文中对冬夏运行期间地埋管换热器进出口温度的规定，是出于对多能互补地源热泵系统节能性的考虑，同时保证热泵机组的安全运行。在夏季，如果地埋管换热器出口温度高于30℃，则多能互补地源热泵系统的运行工况与常规的冷却塔相当，无法充分体现多能互补地源热泵系统的节能性；在冬季，制定地埋管换热器出口温度限值，是为了防止温度过低，机组结冰，系统能效比降低。

8.3.3 地埋管换热器设计计算宜根据岩土热响应试验结果并参照附录B，采用专用软件或按照《浅层地热能勘查评价规范》（DZ/T 0225—2009）进行计算，环路集管不应包括在地埋管换热器换热长度内。

【解释说明】地埋管换热器设计计算是多能互补地源热泵系统设计所特有的内容，由于地埋管换热器换热效果受岩土体热物性及地下水流动情况等地质条件影响非常大，因此不同地区甚至同一地区不同区域岩土体的换热特性差别都很大。为保证地埋管换热器设计符合实际，满足使用要求，通常设计前需要对现场岩土体热物性进行测定，并根据实测数据进行计算。此外，建筑物全年动态负荷、岩土体温度的变化、地埋管及传热介质特性等因素都会影响地埋管换热器的换热效果。因此，考虑地埋管换热器设计计算的特殊性及复杂性，宜采用专用软件进行计算。该软件应具有以下功能：

（1）能计算或输入建筑物全年动态负荷；

（2）能计算当地岩土体平均温度及地表温度波幅；

（3）能模拟岩土体与换热管间的热传递及岩土体长期储热效果；

（4）能计算岩土体、传热介质及换热管的热物性；

（5）能对所设计系统的地埋管换热器的结构进行模拟。

8.3.4 地埋管换热系统宜进行分区设计，宜采用条带状或团块状分散布换热孔，以保证地埋管运行的间歇性和地温的恢复。

【解释说明】分区设置地埋管换热系统与集中设置相比，便于地下土壤温度场的恢复，在部分负荷工况下，可以实现地埋管换热系统各换热环路的轮换或间歇运行，有利于增强岩土体的换热能力，便于系统分区管理、维护，提高地埋管换热系统使用的可靠性。

8.3.5 地埋管换热器应根据可使用地面面积、工程勘察结果及挖掘成本等因素确定埋管方式。

8.3.6 大规模的地埋管系统宜分区、分级设置分、集水器，各区所有回路连接地埋管换热器数量、埋管深度宜保持一致。

【解释说明】钻孔区域根据工程实际情况划分，分区、分级设置分、集水器可有效控制各区域地埋管换热器间的水力平衡。

8.3.7 地埋管换热器内传热介质流态应保持紊流，单 U 型流速不宜小于 0.6 m/s，双 U 型流速不宜小于 0.4 m/s，水平环路集管坡度宜为 0.002。

8.3.8 竖直地埋管换热器埋管深度和间距应根据浅层地热能地质条件评估报告确定，深度宜为 80～150 m，且同一环路内钻孔孔深应相同。孔径不宜小于 0.11 m，间距不应小于 4 m。

【解释说明】为避免换热器短路，钻孔间距应通过计算确定，一般为 4～

6 m。当岩土体吸、释热量平衡时，宜取小值；反之，宜取大值。

8.3.9 当地埋管地源热泵项目可利用地表面积较大，浅层岩土体的温度及热物性受气候、雨水、埋设深度影响较小时，经技术、经济分析后可以采用水平埋管，埋管形式应根据地质条件选择。

8.3.10 水平地埋管换热器宜进行分组连接，每组换热器管长不大于5 000 m，各组换热器形成的地埋管环路两端应分别与供、回水环路集管连接，应采取同程式布置，并在各环路的总接口处设置检查井，井内设置相应的阀门。

8.3.11 水平埋管换热器可不设坡度。最上层埋管顶部应在冻土层以下不小于0.6 m，且距地面不宜小于1.5 m，可分层埋设，分层间距不应小于1 m，也可水平管沟埋设，水平管沟间距不应小于1.2 m。

8.3.12 环路集管和环路支管宜采用同程式布置，每对供、回水环路支管连接的地埋管换热器数量宜相等，且宜少于20根。环路集管和支管供、回水管的间距应不小于0.6 m，深度应在冻土层以下不小于0.6 m，且距地面不宜小于1.5 m。

8.3.13 地埋管换热器安装位置宜靠近多能互补地源热泵系统能源站或以能源站为中心。

【解释说明】靠近能源站或者以能源站为中心是为了缩短供、回水集管的长度。

8.3.14 地埋管换热系统应设泄漏报警及自动充水系统。需要防冻的地区，应设防冻保护装置。

8.3.15 地埋管换热系统设计时应进行水力计算，并应采取措施保证水力平衡，计算方法详见附录C。

8.3.16 地埋管换热器的环路平均比摩阻宜控制在100～300 Pa/m，最大不应超过500 Pa/m。

8.3.17 地埋管换热系统宜采用变流量设计，但地埋管内传热介质流速不应低于最低流速限值。

【解释说明】地埋管换热系统根据建筑负荷变化进行流量调节，可以节省运行电耗。

8.4 热泵系统设计

8.4.1 多能互补地源热泵系统能源站内的系统设计应符合现行国家标准《民用建筑供暖通风与空气调节设计规范》（GB 50736—2012）、《公共建筑节能设计标准》（GB 50189—2015）的规定，其中，涉及生活热水或其他热水供应部分应符合现行国家标准《建筑给水排水设计标准》（GB50015—2019）的规定。

8.4.2 多能互补地源热泵系统能源站内的系统设计应根据地热能交换系统条件、供热（冷）技术要求与负荷特点，通过技术经济比较后合理确定。当地源热泵系统与其他冷热源系统耦合供冷供热时，应采用基于岩土体热平衡的系统全年能效最优方案。

8.4.3 多能互补地源热泵系统应根据地热能交换系统特性、建筑的特点及使用功能确定地源热泵机组的设置方式及末端空调系统形式，宜优先选用高温供冷、低温供热末端装置；在满足各个系统承压的情况下，末端宜采用系统直供的方式。

8.4.4 多能互补地源热泵系统的机组性能应符合现行国家标准的相关规定，且应满足系统运行参数的要求。

8.4.5 多能互补地源热泵系统的机组容量应根据项目地气候特征、建筑功能、负荷需求等因素合理确定，选型应适应冷、热负荷全年变化规律，机组容量适宜时，机组台数不宜小于两台；对于小型工程地源热泵机组仅配置一台的，应选调节性能优良的机型，并能满足建筑最低负荷的要求。

【解释说明】从供能安全性和调节性角度来看，两台及以上热泵机组可以提高大型系统的安全性，调节也更加灵活。

8.4.6 多能互补地源热泵系统的循环水泵配置及台数选择应根据水系统形式，综合考虑节能运行、设备备用等因素确定，选择合适的流量和扬程，保证水泵运行在高效区域。

8.4.7 多能互补地源热泵系统的热泵机组应具备能量调节功能，在寒冷及严寒地区，其蒸发器出口应设防冻保护装置。

【解释说明】当水温达到设定温度时，地源热泵机组应能减载或停机。当用于供热时，地源热泵机组应保证足够的流量，以防止机组出口端结冰。

8.4.8 地源侧循环系统与空调冷热水系统，补水、定压系统应独立，并分别计量，应有异常补水报警措施。

【解释说明】为及时发现换热器的渗漏，换热系统宜设置泄漏报警装置。

8.4.9 对于有冷、热转换的多能互补地源热泵系统，应在水系统上设冬、夏季节的功能转换阀门，并在转换阀门上做出明显标识。

【解释说明】夏季运行时，空调水进入机组蒸发器，冷源水进入机组冷凝器。冬季运行时，空调水进入机组冷凝器，热源水进入机组蒸发器。冬、夏季节的功能转换阀门应性能可靠，严密不漏。

8.4.10 地源热泵机组的能效不应低于现行国家标准《水（地）源热泵机组能效限定值及能效等级》（GB 30721—2014）中规定的节能评价值。

【解释说明】作为地源热泵系统中的核心设备，水（地）源热泵机组的能效达到节能评价值等级，是保证系统节能性的前提和基础。

9. 电制冷供冷系统设计

9.1 一般规定

9.1.1 应按照实际使用工况和条件来选择冷水机组，并结合建筑的冷负荷特点，综合考虑对 COP（名义工况性能系数）、IPLV（综合部分负荷性能系数）和 NPLV（非标准部分负荷性能系数）的要求。

【解释说明】国家标准规定的常规冷水机组名义工况时的冷水进/出口温度为 12℃/7℃（高温冷水机组为 21℃/16℃），冷却水进/出水温度为 30℃/35℃。但在实际工程设计时，冷水和冷却水的温度有可能与"国标"工况不一致（如一些空调系统采用 12℃/6℃等），或者设计时预计在使用过程中冷水与冷却水无法较好保证和满足水质要求的，都应进行修正，修正方式可以参见相应的产品资料。

9.1.2 电制冷冷水机组类型的选择，应结合工程具体情况，综合考虑。

【解释说明】各种类型的冷水机组具有不同的特点，因此需要结合建筑的空调特性和要求综合比较后确定。综合比较时考虑的主要因素包括建筑负荷特点、总制冷容量要求、变负荷运行的需求、单机容量范围、运行管理要求以及经济性等。

各类常用的冷水机组的主要特点见表 9.1.2。

表 9.1.2　各种类型电制冷冷水机组的特点

类型	适用范围	主要特点
涡旋式	单机制冷量 Q<100 kW	涡旋式压缩机的零件数量较少，运行可靠，使用寿命较长； 压缩机为回转容积式设计，余隙容积小，摩擦损失小，运行效率高； 振动小，噪声低，抗液击能力高
螺杆式	单机制冷量 Q=580～700 kW	COP 和单机容量都高于涡旋机，容积效率高； 结构简单，易损件少，运行可靠，调节方便，通过滑阀可实现制冷量在 10%～100% 范围内无级调节； 对湿冲程不敏感，无液击危险
离心式	单机制冷量 Q>580 kW	COP 和单机容量一般都高于前两种，运行较为平稳，振动较小，噪声较小； 单位制冷量所占用机房面积小； 通过导叶控制，可实现制冷量在 15%～100% 范围内无级调节
磁悬浮离心式	单机制冷量 Q=875～3 500 kW	部分负荷和低冷却水温度下的制冷性能系数高； 无须润滑系统，可靠性高，后续维修保养费用低； 调节方便，在 15%～100% 范围内能实现无级调节； 运行噪声低，振动小

9.1.3　选择双工况冷水机组时，应遵循以下原则：

（1）结合制冷工况与蓄冰工况的运行负荷与运行时间，综合确定制冷工况与蓄冰工况的性能系数要求；全负荷蓄冷系统应采用蓄冷工况条件下 COP 较高的主机；

（2）单机容量在螺杆机产品的容量范围内时，宜选用螺杆式机组；单机容量较大时，宜采用离心式机组；

（3）选用冷机组时，蓄冷工况蒸发温度应满足蓄冷装置的蓄冷要求。

9.1.4　全年逐时空调负荷变化较大或全年冷却水温度变化较大的建筑，宜采用变频冷水机组。

9.1.5 当电制冷冷水机组的单台电机装机功率大于 1 200 kW 时，应采用 10 kV 高电压供电的冷水机组；大于 900 kW 时，宜选用 10 kV 高电压供电的冷水机组。

【解释说明】电制冷冷水机组的供电方式及启动方式宜参照现行国家标准《民用建筑电气设计标准》（GB 51348—2019）和地方规定执行。除变频供电的电动机外，单台大于 650 kW 的电动机（含电制冷机组），也可采用 10 kV 电源供电。

9.1.6 选用溴化锂吸收式冷（温）水机组时，应遵循以下原则：

（1）在有压力不低于 0.1 Mpa 的废蒸汽、温度不低于 80℃ 的废热水或温度不低于 250℃ 的烟气等适宜的热源时，方可选用；除特殊要求外，不应采用化石燃料的燃烧热直接作为吸收式制冷的驱动能源；

（2）作为冷源设备时，冷水出水温度不应低于 5℃，并宜同时作为冬季供热的热源装置使用；

（3）确定装机容量时，供冷（热）量宜附加 10%～15%。

9.1.7 选择制冷剂时，除应考虑保护臭氧层外，还必须考虑其对全球气候变暖的影响。选用大气寿命短、ODP（臭氧消耗潜值）与 GWP（全球变暖潜能值）值均小、热力学性能优良（COP 高），并在一定条件下能确保安全使用的制冷剂。

9.1.8 多能互补地源热泵系统的供冷系统，宜结合多级泵、大温差小流量、变流量运行控制、直供等措施来降低水力输送能耗。

9.2 冷冻水供应系统

9.2.1 除设蓄冷蓄热水池等直接供冷供热的蓄能系统以及用喷水室处理空气的系统外，冷冻水系统还应采用闭式循环系统。

9.2.2 采用电机驱动的蒸汽压缩循环冷水（热泵）机组时，其在名义制冷工况和规定条件下的性能系数应符合下列规定：

（1）水冷定频机组及风冷或蒸发冷却机组的性能系数不应低于表 9.2.2 的数值；

（2）水冷变频离心式机组的性能系数不应低于表 9.2.2 中数值的 0.93 倍；

（3）水冷变频螺杆式机组的性能系数不应低于表 9.2.2 中数值的 0.95 倍。

表 9.2.2　名义制冷工况和规定条件下冷水（热泵）机组的制冷性能系数

类型		名义制冷量 CC（kW）	性能系数 COP（W/W）					
			严寒 A、B 区	严寒 C 区	温和地区	寒冷地区	夏热冬冷地区	夏热冬暖地区
水冷	活塞式/涡旋式	CC≤528	4.10	4.10	4.10	4.10	4.20	4.40
	螺杆式	CC≤528	4.60	4.70	4.70	4.70	4.80	4.90
		528＜CC≤1 163	5.00	5.00	5.00	5.10	5.20	5.30
		CC＞1 163	5.20	5.30	5.40	5.50	5.60	5.60
	离心式	CC≤1 163	5.00	5.00	5.10	5.20	5.30	5.40
		1 163＜CC≤2 110	5.30	5.40	5.40	5.50	5.60	5.70
		CC＞2 110	5.70	5.70	5.70	5.80	5.90	5.90
风冷或蒸发冷却	活塞式/涡旋式	CC≤50	2.60	2.60	2.60	2.60	2.70	2.80
		CC＞50	2.80	2.80	2.80	2.80	2.90	2.90
	螺杆式	CC≤50	2.70	2.70	2.70	2.80	2.90	2.90
		CC＞50	2.90	2.90	2.90	3.00	3.00	3.00

9.2.3 电机驱动的蒸汽压缩循环冷水（热泵）机组的综合部分负荷性能系数应按下式计算：

$$IPLV = 1.2\% \times A + 32.8\% \times B + 39.7\% \times C + 26.3\% \times D \qquad (9.2.3)$$

式中：A——100%负荷时的性能系数（W/W），冷却水进水温度30℃/冷凝器进气干球温度35℃；

B——75%负荷时的性能系数（W/W），冷却水进水温度26℃/冷凝器进气干球温度31.5℃；

C——50%负荷时的性能系数（W/W），冷却水进水温度23℃/冷凝器进气干球温度28℃；

D——25%负荷时的性能系数（W/W），冷却水进水温度 19℃/冷凝器进气干球温度24.5℃。

【解释说明】热泵机组在相当长的运行时间内处于部分负荷运行状态，为了降低机组部分负荷运行时的能耗，对热泵机组的部分负荷时的性能系数作出要求。明确 IPLV 计算方法，是衡量性能限值的前提，也便于相关条文的执行和检查。

IPLV 是对机组 4 个部分负荷工况条件下性能系数的加权平均值，相应的权重综合考虑了建筑类型、气象条件、建筑负荷分布以及运行时间，是根据 4 个部分负荷工况的累积负荷百分比得出的。

相对于评价热泵机组满负荷性能的单一指标 COP 而言，IPLV 的提出提供了一个评价热泵机组部分负荷性能的基准和平台，完善了热泵机组性能的评价方法，有助于促进热泵机组生产厂商对机组部分负荷性能的改进，提高热泵机组实际性能水平。

受 IPLV 的计算方法和检测条件所限，IPLV 具有一定适用范围：

（1）IPLV 只能用于评价单台冷水机组在名义工况下的综合部分负荷性能水平；

（2）IPLV 不能用于评价单台冷水机组实际运行工况下的性能水平，不能用于计算单台冷水机组的实际运行能耗；

（3）IPLV 不能用于评价多台冷水机组综合部分负荷性能水平。

9.2.4 电机驱动的蒸汽压缩循环冷水（热泵）机组的综合部分负荷性能系数应符合下列规定：

（1）综合部分负荷性能系数计算方法应符合本指南第 9.2.3 条的规定；

（2）水冷定频机组的综合部分负荷性能系数不应低于表 9.2.4 中的数值；

（3）水冷变频离心式冷水机组的综合部分负荷性能系数不应低于表 9.2.4 中水冷离心式冷水机组限值的 1.30 倍；

（4）水冷变频螺杆式冷水机组的综合部分负荷性能系数不应低于表 9.2.4 中水冷螺杆式冷水机组限值的 1.15 倍。

表 9.2.4 冷水（热泵）机组综合部分负荷性能系数

类型		名义制冷量 CC（kW）	综合部分负荷性能系数 IPLV					
			严寒 A、B 区	严寒C 区	温和地区	寒冷地区	夏热冬冷地区	夏热冬暖地区
水冷	活塞式/涡旋式	CC≤528	4.90	4.90	4.90	4.90	5.05	5.25
	螺杆式	CC≤528	5.35	5.45	5.45	5.45	5.55	5.65
		528＜CC≤1 163	5.75	5.75	5.75	5.85	5.90	6.00
		CC＞1 163	5.85	5.95	6.10	6.20	6.30	6.30
	离心式	CC≤1163	5.15	5.15	5.25	5.35	5.45	5.55
		1 163＜CC≤2 110	5.40	5.50	5.55	5.60	5.75	5.85
		CC＞2 110	5.95	5.95	5.95	6.10	6.20	6.20
风冷或蒸发冷却	活塞式/涡旋式	CC≤50	3.10	3.10	3.10	3.10	3.20	3.20
		CC＞50	3.35	3.35	3.35	3.35	3.40	3.45
	螺杆式	CC≤50	2.90	2.90	2.90	3.00	3.10	3.10
		CC＞50	3.10	3.10	3.10	3.20	3.20	3.20

9.2.5 空调系统的电冷源综合制冷性能系数（SCOP）不应低于表 9.2.5 中的数值。对于多台冷水机组、冷却水泵和冷却塔组成的冷水系统，应将实际参与运行的所有设备的名义制冷量和耗电功率综合统计计算，当机组类型不同

时，其限值应按冷量加权的方式确定。

表 9.2.5　电冷源综合制冷性能系数

类型		名义制冷量 CC（kW）	综合制冷性能系数 SCOP（W/W）					
			严寒A、B区	严寒C区	温和地区	寒冷地区	夏热冬冷地区	夏热冬暖地区
水冷	活塞式/涡旋式	CC≤528	3.3	3.3	3.3	3.3	3.4	3.6
	螺杆式	CC≤528	3.6	3.6	3.6	3.6	3.6	3.7
		528＜CC＜1 163	4.0	4.0	4.0	4	4.1	4.1
		CC≥1 163	4.0	4.1	4.2	4.4	4.4	4.4
	离心式	CC≤1 163	4.0	4.0	4.0	4.1	4.1	4.2
		1 163＜CC＜2 110	4.1	4.2	4.2	4.4	4.4	4.5
		CC≥2 110	4.5	4.5	4.5	4.5	4.6	4.6

9.2.6　采用直燃型溴化锂吸收式冷（温）水机组时，其在名义工况和规定条件下的性能参数应符合表 9.2.6 的规定。

表 9.2.6　直燃型溴化锂吸收式冷（温）水机组的性能参数

工况		性能参数	
冷（温）水进/出口温度	冷却水进/出口温度	性能系数（W/W）	
		制冷	供热
12℃/7℃（供冷）	30℃/35℃	≥1.20	—
—/60℃（供热）	—	—	≥0.90

9.2.7　冷冻水循环水泵串联级数的确定和运行方式的选择，应遵循下列原则：

（1）多能互补地源热泵系统负荷侧系统规模较大、阻力较高时，宜设置二级泵系统，宜采用在冷源侧和负荷侧分别设置定流量运行的一级泵和变流量运行的二级泵系统；当各区域管路阻力相差较大或各系统水温或温差要求不同时，宜设二级泵系统，宜按区域分别设置二级泵；

（2）冷源设备集中设置且各单体建筑用户分散的区域供冷等大规模空调冷冻水系统，当输送距离较远且各用户管路阻力相差较大，或者水温（温差）要求不同时，可采用在冷源侧设置定流量运行的一级泵、为共用输配干管设置变流量运行的二级泵、各用户或用户内的各系统分别设置变流量运行的三级泵或四级泵的多级泵系统。

9.2.8 经技术和经济比较，在确保设备的适应性、控制方案和运行管理可靠的前提下，可采用冷源侧变流量水系统。

9.2.9 一级泵空调水系统的设计应符合下列要求：

（1）空调末端装置应设电动控制阀；

（2）当末端空气处理装置采用电动两通阀时，应在冷热源侧和负荷侧的总供、回水管（或集、分水器）之间设旁通管和由压差控制的电动旁通调节阀，旁通管和旁通调节阀的设计流量应取单台最大冷水机组的额定流量；

（3）多台冷水机组和冷水泵之间通过共用集管连接时，每台冷水机组进水或出水管道上应设置与对应的冷水机组和水泵连锁开关的电动两通阀。

9.2.10 二级泵和多级泵空调水系统的设计应符合下列要求：

（1）空调末端装置应设置水路电动两通阀；

（2）应在供回水总管之间冷源侧和负荷侧分界处设平衡管，平衡管宜设置在冷源机房内，管径不宜小于总供回水管管径；

（3）采用二级泵系统且按区域分别设置二级泵时，应考虑服务区域的平面布置、系统的压力分布等因素，以合理确定二级泵的设置位置；

（4）二级泵等负荷侧各级泵应采用变速泵。

9.2.11 冷源侧变流量空调水系统的设计应符合下列要求：

（1）空调末端装置的回水支管上应采用电动两通阀；

（2）一级泵应采用调速泵；

（3）冷水机组与冷水循环水泵应采用共用集管连接方式，冷水机组的进水或出水管道上应设置与冷水机组连锁开关的电动两通阀；

（4）在总供、回水管之间应设旁通管和由流量传感器或压差传感器控制的电动两通调节阀，旁通管和旁通调节阀的设计流量应取各规格单台最大冷水机组允许的最小流量的最大值；

（5）应考虑蒸发器最大许可的水压降和水流对蒸发器管束的侵蚀因素，确定冷水机组的最大流量；冷水机组的最小流量不应影响蒸发器的换热效果和运行安全性；

（6）应选择允许水流量变化范围大、适应冷水流量快速变化（允许流量变化率大）、具有减少出水温度波动的控制功能的冷水机组；

（7）采用多台冷水机组时，应选择在设计流量下蒸发器水压降相同或接近的冷水机组。

9.2.12 空调冷冻水系统的冷水机组、末端装置等设备和管路及部件的工作压力不应大于其承压能力。

9.2.13 空调冷冻水系统循环水泵的输送能效比（ER）应符合国家现行标准《公共建筑节能设计标准》（GB 50189—2015）的规定。

9.2.14 空调冷冻水循环泵台数应符合下列要求：

（1）水泵定流量运行的一级泵，应与冷水机组的台数及蒸发器的额定流量相对应；

（2）变流量运行的每个分区的各级水泵不宜少于 2 台。

9.2.15 空调冷冻水系统布置和选择管径时，应减少并联环路之间的压力损失的相对差额，当超过 15%时，应采取水力平衡措施。

9.2.16 机组制冷剂安全阀泄压管应接至室外安全处。

9.3 冷却水循环系统

9.3.1 空调系统的冷却水应循环使用。技术经济比较合理且条件具备时，可将冷却塔作为冷源设备。

9.3.2 以供冷为主，兼顾生活热水需求的建筑物，在技术经济合理的前提下，可采取措施对制冷机组的冷凝热进行回收利用。

9.3.3 多能互补地源热泵系统冷却水温度应符合下列要求：

（1）制冷机组的冷却水进口设计温度不宜高于32℃；

（2）冷却水进口最低温度应按制冷机组的要求确定，电动压缩式冷水机组不宜小于15.5℃，溴化锂吸收式冷水机组不宜小于24℃；全年运行的冷却水系统宜对冷却水的供水温度采取调节措施；

（3）冷却水进出口温差应按冷水机组的要求确定，电动压缩式冷水机组不宜小于5℃，溴化锂吸收式冷水机组宜为5~7℃。

9.3.4 冷却水的水质应符合国家现行标准的要求，并应采取下列措施：

（1）应采取稳定冷却水系统水质的水处理措施；

（2）泵或冷水机组的入口管道上应设置过滤器或除污器；

（3）采用水冷壳管式冷凝器的冷水机组，宜设置自动在线清洗装置；

（4）当开式冷却水系统不能满足制冷设备的水质要求时，应采用闭式循环系统，可采用闭式冷却塔，或设置中间换热器。

9.3.5 集中设置的冷水机组的冷却水泵台数和流量应相对应；分散设置的水冷整体式空调器或小型户式冷水机组，可以合用冷却水系统；冷却水泵的扬程应能满足冷却塔的进水压力要求。

9.3.6 冷却塔的选用和设置应符合下列要求：

（1）冷却塔的出口水温、进出口水温降和循环水量，在夏季空气调节室外计算湿球温度条件下，应满足冷水机组的要求。

（2）对进口水压有要求的冷却塔的台数，应与冷却水泵台数相对应。

（3）供暖室外计算温度在 0℃以下的地区，冬季运行的冷却塔应采取防冻措施，冬季不运行的冷却塔及其室外管道应能泄空。

（4）冷却塔设置位置应通风良好，远离高温或有害气体，并应避免飘水对周围环境的影响。

（5）冷却塔的噪声标准和噪声控制，应符合批复的环评要求。

（6）应采用阻燃型材料制作的冷却塔，并应符合防火要求。

（7）对于双工况制冷机组，若机组在两种工况下对于冷却水温的参数有所不同，则应分别进行两种工况下冷却塔热工性能的复核计算。

9.3.7 间歇运行的开式冷却水系统，冷却塔底盘或集水箱的有效存水容积，应大于湿润冷却塔填料等部件所需水量，以及停泵时靠重力流入的管道内的水容量。

9.3.8 当设置冷却水集水箱，且必须设置在室内时，宜设置在冷却塔的下一层，且冷却塔最底部和水箱最底部高差不得超过 10 m。

9.3.9 冷水机组、冷却水泵、冷却塔或集水箱之间的位置和连接应符合下列要求：

（1）冷却塔或集水箱与冷水机组等设备最大高差，不应使设备、管道、管件等工作压力大于其承压能力。

（2）冷却水泵应自灌吸水，冷却塔集水盘或集水箱最低水位与冷却水泵吸水口的高差应大于管道、管件、设备的阻力。

（3）多台冷水机组和冷却水泵之间通过共用集管连接时，每台冷水机组进水或出水管道上应设置与对应的冷水机组和水泵连锁开关的电动两通阀。

（4）多台冷却水泵或冷水机组与冷却塔之间通过共用集管连接时，在每台冷却塔进水管上宜设置与对应水泵连锁开闭的电动阀；对进口水压有要求的冷却塔，应设置与对应水泵连锁开闭的电动阀。当每台冷却塔进水管上设置电动阀时，除设置集水箱或冷却塔底部为共用集水盘的情况外，每台冷却塔的出水管上也应设置与冷却水泵连锁开闭的电动阀。

9.3.10 当多台开式冷却塔与冷却水泵或冷水机组之间通过共用集管连接时，应使各台冷却塔并联环路的压力损失大致相同，在冷却塔底盘之间宜设平衡管，或各台冷却塔底部设置共用集水盘。

9.3.11 开式系统冷却水补水量应按系统的蒸发损失、飘逸损失、排污泄漏损失之和计算。不设集水箱的系统，应在冷却塔底盘处补水；设置集水箱的系统，应在集水箱处补水。

9.3.12 冷却水系统的补水量宜符合以下要求：

（1）敞开式循环冷却水系统的水量损失应根据蒸发、风吹和排污等各项损失水量确定。在冷却水温降 5℃时，其补水率可近似取系统循环水量的 1.2%～1.5%。

（2）冷却塔初次充水时间应根据所服务建筑物的功能性质，由具体工程设计确定，一般宜为 4～6 h。

9.3.13 循环冷却水的补充水优先采用再生水，当再生水不能满足要求时可采用自来水。

9.3.14 采用再生水作为补水时应满足以下要求：

（1）宜设置备用水源；

（2）再生水系统的管网应为独立系统，严禁与生活用水管网连接；

（3）设置水质、水量监测设施。

9.3.15 补充水的水质不能满足要求时应进行处理。

9.3.16 将再生水直接作为敞开式循环冷却水系统补充水源时，其水质指标宜符合《工业循环冷却水处理设计规范》（GB/T 50050—2017）的规定或根据实验和类似工程运行数据确定。

10. 蓄冷蓄热系统设计

10.1 一般规定

10.1.1 在设计多能互补地源热泵工程的蓄能系统前，应对建筑物的热（冷）负荷特性、系统运行时间和运行特点进行分析，并应调查当地电力供应条件和分时电价情况。

【解释说明】本条所列内容是蓄能系统设计的依据，也是蓄能系统技术经济性比较的依据。

10.1.2 多能互补地源热泵系统，当符合下列条件之一，且经技术经济分析合理时，宜采用蓄冷系统。

（1）执行分时电价，且冷负荷峰值的发生时刻与电力峰值的发生时刻接近、电网低谷时段的冷负荷较小的多能互补地源热泵工程；

（2）供冷峰谷负荷相差悬殊且峰值负荷出现时段较短，采用常规空调系统时装机容量过大，且大部分时间处于低负荷下运行的多能互补地源热泵工程；

（3）电力容量或电力供应受到限制，采用蓄冷系统才能满足负荷要求的多能互补地源热泵工程；

（4）执行分时电价，且需要较低的冷水供水温度时；

（5）要求部分时段有备用冷量，或有应急冷源需求的多能互补地源热泵工程。

【解释说明】当多能互补地源热泵系统的一次能源为除电以外的其他能源时，由于不存在较大的电力需求与用电费用，一般不宜采用蓄冷系统。除非制冷机等设备的容量能够有效减小，获得合理的初投资和运行费用，如采用大温差低温水区域供冷时。

10.1.3 当符合下列条件之一，且经技术经济比较合理时，多能互补地源热泵系统宜采用蓄热系统。

（1）执行分时电价，且热源采用电力驱动的热泵时；

（2）供暖热源采用太阳能时；

（3）采用余热供暖，且余热供应与供暖负荷需求时段不匹配时。

10.1.4 当符合下列条件之一，且经技术经济比较合理时，可采用以电锅炉或电加热装置为供暖热源的蓄热系统。

（1）电力供应充足，且电力需求侧管理鼓励用电时；

（2）以供冷为主、供暖负荷小，无法采用电动热泵或其他形式的供暖热源，且电热锅炉或电加热装置仅在电力低谷时段启用时；

（3）利用可再生能源发电，且其发电量满足自身电加热用电量需求时。

10.1.5 具有蓄热功能的水池，严禁与消防水池合用。

【解释说明】热水不能用于消防，因此水蓄能系统的蓄热水池及蓄冷与蓄热共用水池，严禁与消防水池合用。

10.2 规模计算

10.2.1 多能互补地源热泵系统的蓄能设计应包括下列内容：

（1）确定蓄能—释能周期，进行设计蓄能—释能周期的热（冷）逐时负荷计算；

（2）确定蓄能介质、蓄能方式、蓄能率和蓄热（冷）量；

（3）确定蓄能—释能周期内的逐时运行模式和负荷分配；

（4）确定系统流程，进行冷、热源设备和蓄能装置的容量计算和相关设计；

（5）其他辅助设备的形式、容量和相关设计。

【解释说明】本条列出了蓄能系统不同于其他能源系统的一些设计内容。由于每项具体工程设计都有其各自的特点，工程设计所包括的内容也必将各有差异。本条列出的只是蓄能系统设计中通常包括的内容。

10.2.2 在设计阶段，应根据经济技术分析和逐时冷热负荷，确定设计蓄能—释能周期内系统的逐时运行模式和负荷分配，并宜确定不同部分负荷率下典型蓄能—释能周期的系统运行模式和负荷分配。

10.2.3 蓄能系统的设计蓄能率应根据蓄能—释能周期内冷（热）负荷曲线、电网峰谷时段及电价和其他经济技术指标，经最优化计算或方案比选后确定。

【解释说明】蓄能率代表了蓄能装置承担累计负荷（设计蓄能—释能周期内）的比例。

蓄能率的大小，决定设计中的设备配置，也直接影响蓄能系统的投资、运行费用以及节能指标，因此在方案阶段确定合理的蓄能率显得尤为重要。

蓄能率的确定是一个优化的过程，在具体工程中，当气象条件、用能特点、负荷、电价、设备价格等边界条件确定后，可以全寿命周期成本（或投资回收期）最小为优化目标进行优化，确定最佳的蓄能率。也可计算几个不同蓄能率下的经济指标，采用方案比选的方式确定实际蓄能率。

一般来说，对于用能时间短、峰谷价差大，并且在用电高峰时段负荷需求量相对较大的系统，可采用较高的蓄能率。对于特殊工程，如蓄能—释能周期较长（如一个星期），蓄能装置成本非常低的，甚至可以采用全负荷蓄能（即蓄能率为100%）。

10.2.4 当进行多能互补地源热泵系统的蓄能设计时，宜进行全年逐时负荷计算和能耗分析。对供能面积超过 80 000 m²，且蓄能量超过 28 000 kWh 的采用蓄能系统的项目，应采用动态负荷模拟计算软件进行全年逐时负荷计算。并应结合分时电价和蓄能—释能周期进行能耗和运行费用分析，以及全年移峰电量计算。

10.2.5 蓄冷系统应利用较低的供冷温度，不应低温蓄冷高温利用。

10.2.6 当原能源供应系统改扩建增设蓄能系统时，应根据设备荷载对放置部位的结构承载力进行校核。

10.3 蓄冷系统

10.3.1 多能互补地源热泵系统的制冷机、蓄冷装置的容量应按下列规定确定：

（1）制冷机容量应在设计蓄冷时段内完成预定蓄冷量，并应在空调工况运行时段内满足空调制冷要求；

（2）蓄冷装置容量应按所需要的释冷量与蓄冷装置损耗的冷量之和确定；

（3）冰蓄冷系统的双工况制冷机应能满足空调和制冰两种工况的制冷量要求；

（4）基载制冷机容量应满足蓄冷时段内空调系统基载负荷的要求。

10.3.2 当采用冰蓄冷系统，设计蓄冷—释冷周期中的蓄冷时段仍需要供冷且符合下列情况之一时，宜配置基载机组。

（1）基载冷负荷超过制冷主机单台空调工况制冷量的20%时；

（2）基载冷负荷超过350 kW时；

（3）基载负荷下的空调总冷量超过设计蓄冰冷量的10%时。

【解释说明】本条文参照国家标准《民用建筑供暖通风与空气调节设计规范》（GB50736—2012）第8.7.4条的有关规定。

10.3.3 冷源系统设计时应校核不同运行模式下蓄冷装置与制冷机的进出水温度。蓄冷时，蓄冷时段内应储存充足的冷量；释冷时应输出足够的冷量，且释冷速率应能满足空调系统的用冷需求。

【解释说明】蓄能系统有多种运行模式，如冰蓄冷系统中的制冰模式、蓄冰装置单独供冷模式、蓄冰装置与主机联合供冷模式等。在设计阶段应对各种运行模式中蓄冷装置与制冷机的进、出水温度进行校核，以确保系统平稳实现各个运行模式。

10.3.4 除动态制冰机组外，双工况制冷机组性能系数（COP）和制冰工况制冷量变化率（C_f）不应小于表 10.3.4-1 的规定。双工况冷水机组空调与制冰工况参数应符合表 10.3.4-2 的规定。

表 10.3.4-1　双工况制冷机组性能系数和制冰工况制冷量变化率

冷机类型		名义制冷量 CC（kW）	性能系数 COP		制冰工况制冷量变化率
			空调工况	制冰工况	
水冷	螺杆式	CC≤528	4.3	3.3	65%
		528＜CC≤1 163	4.4	3.5	
		1 163＜CC≤2 110	4.5	3.5	
		CC＞2 110	4.6	3.6	
	离心式	1 163＜CC≤2 110	4.5	3.8	60%
		CC＞2 110	4.6	3.8	
风冷或蒸发冷却	活塞式或涡旋式	50＜CC≤528	2.7	2.6	70%
	螺杆式	CC＞528	2.7	2.5	65%

表 10.3.4-2　双工况冷水机组空调与制冰工况参数

冷机类型	标准侧	空调工况	制冰工况
水冷机组	蒸发器侧	蒸发器侧供回水温度 5℃/10℃；载冷剂为质量浓度 25%的乙烯乙二醇溶液，蒸发器污垢系数 0.0176 m² · ℃/kW	蒸发器侧出水温度−5.6℃；载冷剂为质量浓度 25%的乙烯乙二醇溶液，蒸发器污垢系数 0.0176 m² · ℃/kW；制冰工况蒸发器侧设计流量等同于空调工况
	冷凝器侧	冷凝器侧供回水温度 32℃/37℃；冷凝器污垢系数 0.044 m² · ℃/kW	冷凝器侧进水温度 30℃；冷凝污垢系数 0.044 m² · ℃/kW；制冰工况冷凝器侧设计流量等同于空调工况

续表

冷机类型	标准侧	空调工况	制冰工况
风冷机组	蒸发器侧	蒸发器侧供回水温度 5℃/10℃；载冷剂为质量浓度 25%的乙烯乙二醇溶液、蒸发器污垢系数 0.0176 m²·℃/kW	蒸发器侧出水温度—5.6℃；载冷剂为质量浓度 25%的乙烯乙二醇溶液，蒸发器污垢系数 0.0176 m²·℃/kW；制冰工况蒸发器侧设计流量等同于空调工况
	冷凝器侧	环境进风温度为 35℃	环境进风温度为 28℃

10.3.5 当进行冷源系统设计时，宜对蓄冷—释冷周期的蓄冷设备的蓄冷和释冷速率进行逐时校核。

10.3.6 制冷机组的制冷量宜根据白天和夜间的室外温度和湿度，选用不同的冷凝器进水温度计算。冷却塔应根据室外计算参数选型，夜间极端工况冷却水供水温度应满足夜间蓄冰工况要求。

10.3.7 蓄冷系统在方案设计阶段应重点论证系统流程，并应按下列条件进行划分和选择。

（1）应根据蓄冷方式和空调末端用冷要求的进出水温度及温差确定制冷机与蓄冷装置的相互关系以及位置关系；

（2）应根据冷负荷容量大小和系统运行的经济性确定供能水泵的设置形式。

10.3.8 蓄冷系统的蓄冷方式应根据蓄冷周期和负荷曲线、蓄冷系统规模、蓄冷装置的特性以及现场条件等因素，经技术经济比较后确定；蓄冷装置的蓄冷温度、释冷温度和蓄冷速率、释冷速率应满足蓄冷系统的需求。

【解释说明】目前国内应用较多、比较成熟的蓄冷方式为水蓄冷、冰盘管式蓄冰、封装式（冰球式、冰板式）蓄冰。冰片滑落式蓄冰、冰晶式蓄冰以及共晶盐蓄冰方式目前应用不多。各种蓄冷方式的特性见表 10.3.8。

表10.3.8　各种蓄冷方式的特性

对比内容	水蓄冷系统	冰片滑落式系统	外融冰系统	内融冰系统	封装冰系统	冰晶式系统
制冷（冰）方式	静态	动态	静态	静态	静态	动态
制冷机	标准单工况制冷机	分装式或组装式制冷机	直接蒸发式或双工况制冷机	双工况制冷机	双工况制冷机	流态冰冷水（热泵）机组或双工况制冷机
单位冷量蓄冷槽容积（m³/kWh）	0.089～0.169	0.024～0.027	0.018～0.03	0.015～0.023	0.019～0.023	0.015～0.024
蓄冷温度（℃）	4～6	−9～−4	−6～−3*	−6～−3	−6～−3	−3～−1** −6～3***
释冷温度（℃）	高出蓄冷温度0.5～2	1～2	1～2	2～4	2～6	0.5～1.5
释冷液体	水	水	水	载冷剂	载冷剂	低浓度蓄冰介质
蓄冷槽结构形式	开式，钢、混凝土	开式，混凝土、钢、玻璃钢	开式，混凝土、钢	开式或闭式，混凝土、钢、玻璃钢	开式或闭式，混凝土、钢	开式或闭式，碳钢、不锈钢、玻璃钢或钢筋混凝土
特点	可选用标准制冷机组并可兼用消防水池	瞬时释冷速率高	瞬时释冷速率高	模块式槽形，适用于各种规模；释冷温度稳定	槽体外形设置灵活；瞬时释冷速率较高，释冷后期温度升高，系统水阻力小	瞬时释冷速率高，适用于各种规模，槽体外形设置灵活

续表

对比内容	水蓄冷系统	冰片滑落式系统	外融冰系统	内融冰系统	封装冰系统	冰晶式系统
适用范围	空调	空调、食品加工	空调、工艺制冷	空调、工艺制冷	空调、工艺制冷	空调、工艺制冷

注：①*代表该数据适用于民用空调领域，在工业领域为增加蓄冰层厚度，蓄冰温度一般都会达到-10℃，最低在-15℃左右。

②**代表该数据适用于直接蒸发的冰晶式蓄冷系统。

③***代表该数据适用于间接冷却的冰晶式蓄冷系统。

需要说明的是，表中相关技术特点为近年来国内冰蓄冷发展的技术特性总结，表中技术数据仅为多数项目工程经验，不排除少数项目因为特殊情况或者技术的进步，不适用于上述部分参数。实际工程中应根据项目特点和各厂家产品技术特性，经经济、技术综合比较后得出相关技术参数。

不同的蓄冷装置，其蓄冷、释冷特性不同。同一蓄冷装置，随着蓄冷百分比的增加，蓄冷速率一般会有所下降，所需要的蓄冷温度也随之降低；释冷时，随着释冷百分比的增加，释冷速率下降，释冷温度随之上升。设计时应由制造厂商提供详细的蓄冷、释冷特性曲线图表，作为设计的重要参考依据。

10.3.9 水蓄冷（热）系统的设计应符合下列规定：

（1）技术经济合理时，水蓄能系统宜采用夏季蓄冷、冬季蓄热；

（2）水蓄冷系统应增大蓄冷温差，蓄冷温差不宜小于7℃；

（3）水蓄冷宜采用常规制冷机组，水蓄冷温度宜为4℃；

（4）水系统设计时，水泵扬程的削减应计入蓄能水槽水位与冷热水输配系统最高点相对位置关系及槽内水体高度影响，输送泵的吸入压头应为正值；

（5）蓄能和释能时，蓄能水槽的进水温度宜稳定。

【解释说明】水蓄冷一般应以温度尽可能低的水来蓄冷，然而水在4℃时的密度最大，若将低于4℃的水引入分层蓄冷槽体内，水就会向上浮升，造成冷热混合损失。因此，水蓄冷温度宜为4℃。

上述条文在包含蓄冷规定的同时也包含蓄热部分规定，这是由于水蓄能经常是冷热兼蓄，且两者技术要点较为类似。后续相关水蓄能条文均为此原则，不再赘述。

10.3.10 当进行水蓄能系统设计时，蓄冷（热）水槽有效容积应按下式确定：

$$L = \frac{3600Q}{K \cdot \rho \cdot c \cdot \Delta t} \tag{10.3.10}$$

式中：L——水槽的有效设计容积（m³）；

Q——水槽的有效设计蓄能量（kWh）；

K——在一个蓄能—释能周期内水槽的输出与理论上可利用的能量之比，可取 0.85～0.90；

ρ——水的密度（kg/m³）；

c——水的比热容[kJ/（kg·K）]；

Δt——水槽的供回水温差（K）。

【解释说明】蓄能—释能周期内蓄能水槽蓄存的所有有效能量，包含供应建筑冷热量、蓄能水槽冷热损失以及水泵发热等。水槽的性能系数在设计阶段宜根据类似槽型或实验手段获取。当这些资料匮乏但布水器设计合理时，可取 0.90。当水槽较小或者布水器设计欠佳时，可取 0.85。在蓄能水槽投入运行后，应对水槽进行动态实验，校核其性能系数，从而验证所取水槽性能系数的合理性。

10.3.11 水蓄冷（热）系统设计时，水槽设置应符合下列规定：

（1）蓄冷水槽与消防水池合用时，消防用水应安全；

（2）蓄冷（热）水槽宜与建筑物结构结合，新建建筑宜将水槽与建筑结构一体化设计、施工；

（3）蓄冷（热）水槽深度应计入水槽中冷热掺混热损失，水槽深度宜加深；

（4）蓄冷（热）水槽冷热隔离宜采用水密度分层法，也可采用多水槽法、隔膜法或迷宫与折流法；

（5）开式蓄冷（热）水槽应采取防止或减少环境对槽内水污染的措施，并定时清洗水系统。

10.3.12 水蓄冷（热）系统设计时，布水器设计应符合下列规定：

（1）采用分层法的蓄能水槽，应设置布水器，使供回水在蓄能和释能循环中形成重力流，并保持合理稳定的斜温层；

（2）兼有蓄冷蓄热的系统，布水器设计应兼顾蓄冷和蓄热工况；

（3）蓄冷（热）水槽内斜温层宜为 0.3～0.8 m；

（4）上下布水器形状应相同，布水器应对称于槽的垂直轴和水平中心线，分配管上任意两个对称点处的压力应相等；

（5）布水器形状宜为八角形、H 型或径向圆盘型等；

（6）布水器支管上孔口尺寸与间距应使布水器沿长度方向的出水流量均匀。

10.3.13 盘管式蓄冰系统设计应符合下列规定：

（1）当系统出水温度为 1～2℃时，宜选用外融冰系统；当系统出水温度为 3～4℃时，宜选用不完全冻结式盘管内融冰系统；

（2）外融冰蓄冰槽应采用合理的蓄冷温度，并应防止管簇间形成冰桥，内融冰蓄冰槽应防止膨胀容积形成冰帽；

（3）空气泵应设置除油过滤器，空气泵的发热量应计入蓄冰槽的冷量损失；

（4）钢制蓄冰槽和钢制盘管应防腐；

（5）应监控蓄冰单元的冰层厚度或蓄冰量；外融冰系统应在蓄冰设备上安装冰层厚度传感器，传感器宜沿蓄冰池长度依次分层布置，并应分组对应各自的载冷剂控制阀门，实现控制阀门联动；

（6）一个蓄冷—释冷周期内的蓄冷量残留率不宜超过总蓄冰量的 5%。

10.3.14 封装式蓄冰系统设计应符合下列规定：

（1）宜采用闭式蓄冰装置，当采用开式蓄冰槽时，应防止载冷剂溢流；

（2）当封装冰容器配置板式蓄冰装置时，不冻液在板与板之间应通畅，板的膨胀和收缩不应产生短路循环；

（3）当配置矩形封装冰容器时，槽内中间高度宜加装折流板；加装折流板

的蓄冰槽,流体的进出口压差不应过大;

(4)当配置球形封装冰容器时,宜采用冰球隔网保护,蓄冰槽进出口应设集管或布水器。

【解释说明】封装冰容器一般是表面带凹凸波纹的软质容器,或是由高密度聚氯乙烯制成的硬质容器。当采用软质容器时,应考虑冰—水相变体积膨胀挤占载冷剂容积。加装折流板的蓄冰槽,当冷水进出口压差过大时,可能使折流板受损。由于封装冰容器的移动内保温可能会产生磨损,因此当采用内保温时,应确保内表面有足够的硬度。在槽内中间高度加装折流板,可改善传热效果。蓄冰槽的进出口应设集管或布水器,使流体能均匀流通。

10.3.15 冰晶式蓄冷系统设计应符合下列规定:

(1)当单机空调工况制冷量不大于 6 300 kW 时,宜采用直接蒸发的冷水机组;当单机空调工况制冷量大于 6 300 kW 时,可采用双工况冷水机组,应通过冰晶生成器间接冷却制取冰晶;

(2)载冷剂介质宜采用体积浓度为 3%~4%的乙烯乙二醇或丙烯乙二醇溶液;

(3)蓄冷介质宜采用低温、大温差、低循环量直接向空调末端供冷的方式;

(4)在设备进口应设置过滤器;

(5)当蓄冰槽出口蓄冰介质设计温度高于 4~5℃时,宜采用进液管布置在液面中下部的方式;当设计出水温度低于 3~4℃时,宜采用进液管布置在液面之上的方式。开式蓄冰槽可单独或组合采用两种方式,闭式蓄冰槽应采用进液管布置在液面中下部的方式。

【解释说明】直接蒸发系统较间接冷却系统效率高、系统简约。但是,当单机空调工况制冷量大于 6 300 kW 时,直接蒸发系统设备外形尺寸偏大,机房布置困难,此时可用双工况冷水机组通过冰晶生成器,间接冷却制取冰晶蓄冷。若工程需要,单机空调工况制冷量不大于 6 300 kW 的,也可采用间接冷却方式制取冰晶蓄冷。

乙烯乙二醇溶液作为蓄冷介质较为经济。当设计蓄冷介质与供冷介质合二为一直接向空调末端供冷时,宜采用综合性能好的丙烯乙二醇溶液。蓄冷介质浓度降低，系统效率提高，但稳定性降低，反之亦然。工程应用中蓄冷介质乙烯乙二醇、丙烯乙二醇溶液体积浓度宜控制在 3%～4%。

蓄冰介质直接向空调末端供冷可免设一次泵与板式换热器，简化冷源水系统，也减少了蓄冷、释冷、供冷过程多次间接换热损失以及循环泵耗。选择合适的空调末端，可提高空调末端出口循环介质温度，相应提高制冷机组进口循环介质温度，最终提高制冷机组效率。

冰晶蓄冰槽适应性强，可以是开式或闭式；材质可为碳钢、不锈钢、玻璃钢或钢筋混凝土；形状可为方形、圆形或其他形状。保持蓄冰介质清洁无杂质，可提高整机使用寿命。

蓄冰槽进液管分为两种形式，布置在液面之上的进液管称为喷淋式进液管，布置在液位中下部的进液管称为涌泉式进液管。蓄冰槽进液管采用喷淋式，容易控制供水温度，适合低温供水；采用涌泉式，蓄冰槽利用率高。

10.3.16 冰片滑落式蓄冰系统设计应符合下列规定：

（1）应合理设置制冰与融霜循环周期；

（2）应减少蓄冰槽内空穴形成；

（3）出水集管宜设置在槽底贴外壁；当其立管位于槽体内部时，应防止冰片划伤管道；

（4）冷却塔应满足蒸发温度较高时制冷机组的排热量要求和蓄冰时最低出水温度要求。

10.3.17 蓄冷装置与管道保冷层厚度应按下列规定计算确定：

（1）蓄冷装置与管道保冷层厚度应按现行国家标准《设备及管道绝热设计导则》（GB/T 8175—2008）中经济厚度和防止表面结露的保冷层厚度方法计算，并应取大值；

（2）蓄冷—释冷周期内，蓄冷装置的冷量损失不应超过总蓄冷量的 2%。

【解释说明】蓄冷装置与管道的冷量损失取决于表面积、蓄冷装置与管道导热系数、蓄冷装置与管道周围环境温度和蓄冷介质温度。保冷应采用闭孔型材料。设置在室外的蓄冷装置应在外表面做防水处理。暴露于阳光下的蓄冷装置，表面应为浅色或反射面，以减少辐射得热。

在进行保冷设计时要考虑蓄冷装置底部、侧壁的绝热。对于水蓄冷槽，如果从底部传入的热量大于侧壁传入的热量，则可能导致水温分布的逆转，从而诱发对流，破坏分层效果，因此应特别注意。

10.3.18 开式蓄冷槽现场制作时，可采用钢板、混凝土或玻璃钢，并应符合下列规定：

（1）蓄冷槽应满足系统承压要求，埋地蓄冷槽还应承受土壤等荷载；

（2）蓄冷槽应严密、无渗漏；

（3）蓄冷槽及内部件应进行抗腐蚀处理；

（4）蓄冷槽应进行槽体结构和保温结构设计。

【解释说明】蓄冷槽一般用钢板、混凝土、玻璃纤维或塑料制作，为确保建筑物的安全，当采用建筑物的外围护结构作为蓄冷槽池壁时，应先与土建工程师进行商榷，这对于湿陷性黄土地上的建筑物尤为重要。

10.3.19 土建蓄冷槽宜采用内保温，其他蓄冷装置宜采用外保温，且不应出现冷桥。

【解释说明】外保温易形成冷桥，导致凝结水外渗。土建蓄冷槽宜采用内保温，采用内保温时，应特别注意防水层的设计和施工。其他形式蓄冷装置，如封装冰中的蓄冷罐，因能有效避免冷桥，故宜采用外保温。在有条件的前提下，也可采用内、外双重保温。

10.3.20 当开式系统的最高点高于蓄冷（热）装置的液面时，宜采用板式换热器间接供冷（热）；当高差大于 10 m 时，应采用板式换热器间接供冷（热）。当采用直接供冷（热）方式时，管路设计应采取防止倒灌的措施。

10.3.21 间接连接的蓄冰系统换热器二次水侧应采取下列防冻措施：

（1）载冷剂侧应设置关断阀和旁通阀；

（2）当载冷剂侧温度低于 2℃时，应开启二次侧水泵。

【解释说明】载冷剂侧除应设置手动关断阀外，还应设置与自动控制系统联动的电动关断阀和旁通阀。

10.3.22 当进行冰蓄冷系统设计时，应明确载冷剂种类及其溶液的浓度，且应兼顾抑制剂、防腐剂和水所占的比例。载冷剂选择应符合下列规定：

（1）溶液的凝固点应低于制冷机组制冰时的蒸发温度，溶液的沸点应高于系统最高温度；

（2）物理化学性能应稳定；

（3）应比热大，密度小，黏度低，导热好；

（4）应具有安全性和环境友好性；

（5）应添加防腐剂和防泡沫剂；

（6）乙烯乙二醇溶液和丙烯乙二醇溶液的物理性质应按本指南附录 D 确定。

【解释说明】乙烯乙二醇、丙烯乙二醇溶液物理性质参照本指南附录 D，表中未列出的物理性质参数值可采用线性插值确定。

10.3.23 载冷剂浓度宜根据制冷机组、蓄冷装置技术性能和蓄冰系统工作温度范围确定。当采用乙烯乙二醇溶液作为冰蓄冷系统的载冷剂时，应选用为空调系统专业配方的工业级缓蚀性乙烯乙二醇溶液。

【解释说明】冰蓄冷系统中最常用的载冷剂为乙烯乙二醇溶液。非缓蚀性乙烯乙二醇溶液腐蚀性较强，因此不应采用。冰蓄冷系统经常采用的乙烯乙二醇溶液，除动态制冰系统外，质量浓度一般为 25%～30%。

10.3.24 载冷剂管路系统水力计算应根据选用的载冷剂的物理性质进行计算，其中沿程阻力可按本指南附录 E 进行修正。

【解释说明】不同浓度的载冷剂水溶液，其密度、黏度、传热系数等物理性质也不同，它们对管路系统的水力计算影响较大，故不应按常规的冷水管路进行计算，而应将选用载冷剂的实际物理性质参数代入相应的公式进行计算。

10.3.25 双工况制冷机组的制冷量和换热器的传热量应根据选用的载冷剂的传热特性进行修正。

【解释说明】溶液浓度对制冷机组的制冷量和板式换热器的传热系数有影响。一般而言，双工况制冷机组制冷量和板式换热器传热系数随载冷剂浓度增加而下降，所以在满足蓄冰温度的前提下，应尽可能降低溶液浓度。

双工况制冷机组的制冷量和换热器的传热量应根据选用的载冷剂物理性质由设备厂商进行修正。

10.3.26 载冷剂管路系统应设置存液箱、补液泵、膨胀箱等设备。膨胀箱

（罐）宜采用闭式，溢流管应与溶液收集箱连接。载冷剂系统的膨胀量应根据蓄冷形式、载冷剂性质和定压方式等计算确定。

10.3.27 乙烯乙二醇的载冷剂管路系统严禁选用内壁镀锌或含锌的管材及配件。

【解释说明】 乙烯乙二醇溶液与含锌的材料接触易发生化学反应，易腐蚀活动性较强的金属锌。冰蓄冷系统的载冷剂管路系统不应采用镀锌或含锌钢管，其余管材的选用均与常规空调水系统基本相同。

10.3.28 乙烯乙二醇载冷剂管路系统中的阀门宜采用金属硬密封，阀门与管件应具有严密性。

10.3.29 载冷剂管路系统的循环泵宜采用机械密封型或屏蔽型。

10.3.30 载冷剂循环泵性能参数应满足不同工况要求，其流量和扬程不宜附加裕量，载冷剂循环泵宜采用变频控制。

【解释说明】 载冷剂循环泵选取的流量和扬程，通常是兼顾多种工况的最不利状况，即流量和阻力都最大。为使系统在低流量和低阻力工况下水泵的运行富余不至于过大，其流量和扬程不宜附加裕量。初选的循环泵应对所有出现的运行工况进行校核，以免水泵超出正常的流量和扬程范围。一般循环泵应设置变频控制，在不同工况时将水泵变频调速到理想的工作状态，使其在节约能耗的同时运行安全。

10.3.31 当多台蓄冰装置并联时，宜采用同程式配管；当采用异程式配管时，每个蓄冰槽进出液管宜采取流量平衡措施。

10.4 蓄热系统

10.4.1 在多能互补地源热泵系统中设置蓄热时，蓄热量应根据供暖负荷状况、热源类型、当地能源政策及分时电价等因素，经技术经济比较确定。

10.4.2 当蓄热系统热源采用电热锅炉时，应采用全负荷蓄热方式。电热锅炉热效率不应低于 97%，电热锅炉功率应按下式计算：

$$N = \frac{k \times \sum_{i=1}^{n} q_i}{n_1 \times \eta}$$ （10.4.2）

式中：N——电热锅炉功率（kW）；

q_i——蓄热装置承担的建筑物各小时热负荷（kWh）；

n——设计蓄能—释能周期小时数；

n_1——低谷时段时间（h）；

k——热损失附加率，取 1.05～1.10；

η——电热锅炉的热效率（%）。

【解释说明】国家标准《公共建筑节能设计标准》（GB 50189—2015）第 4.2.2 条规定，利用电热锅炉作为供暖热源时，电热锅炉不允许在高峰和平峰段运行。因此，采用电热锅炉时蓄热系统应采用全负荷蓄热模式。

10.4.3 水蓄热系统的设计应符合下列规定：

（1）蓄热温差应根据系统形式、热源和蓄热装置的类型等条件，经技术经济比较确定，宜采用较大的蓄热温差：

（2）常压水蓄热系统蓄热温度不应高于 95℃；

（3）水蓄热系统的设计应符合本指南第 10.3.9 条的规定；

（4）蓄热装置有效容积的确定应符合本指南第 10.3.10 条的规定。

【解释说明】蓄热温差是水蓄热系统设计中较为重要的参数，应根据热源类型、蓄热装置类型及系统形式等条件确定，在技术经济合理的条件下，加大蓄热温差有利于节能目标的实现，也可以减少蓄热装置、水泵及配件等初投资，最大可能降低运行费用，实现系统经济运行的目的。

10.4.4 当采用电热锅炉水蓄热方式时，蓄热系统设计应符合下列规定：

（1）蓄热装置数量不宜小于 2 台；

（2）系统形式宜采用电热锅炉位于下游的串联方式。

【解释说明】电热锅炉水蓄热系统分为串联与并联两种形式。并联方式由于投资较高、控制较复杂、系统能效较低等，实际工程中应用较少。而采用电热锅炉位于下游的串联方式一般可以获得较高的系统能效，因此推荐采用。

10.4.5 水蓄热装置设计应符合下列规定：

（1）承压蓄热装置应有多重保护措施；

（2）蓄热装置有效蓄热量应计入冷热水混合、斜温层导热或存在死区等因素的影响，其有效蓄热量比例不应低于90%；

（3）常压蓄热装置应设置通向室外的透气管；

（4）蓄热装置的设计还应符合本指南第 10.3.11 条、第 10.3.12 条和第10.3.20 条的相关规定。

【解释说明】蓄热装置分常压与承压两种形式，常压蓄热装置的形式包括迷宫式、隔膜式、多槽式和温度分层式等，其中温度分层式是最常用的方式。

蓄热装置中冷热水间的混合、斜温层导热或存在死区等因素，会造成有效蓄热量比例下降。要想提高蓄热率，蓄热装置的有效蓄热量比例不应低于90%。若计入与外界的换热损失，则不应低于85%。

常压蓄热装置设置通向室外的透气管主要是防止热水产生的蒸汽散发在机房内，影响机房的环境安全。

10.4.6 蓄热系统循环水泵宜采用变频技术。高温蓄热系统应采取定压等措施防止水泵入口处产生汽化。

10.4.7 蓄热系统的自控系统应安全、可靠、高效运行。当热源采用电热锅炉时，电热锅炉的控制应符合下列规定：

（1）应具备超温、超压、短路、漏电、过流、过电压等保护功能；

（2）应具备电热元件分组投入运行和退出功能；

（3）应具备负荷自动调节功能，并应根据热负荷变化自动调节输入功率。

10.4.8 当采用相变蓄热装置时，蓄热介质应符合下列规定：

（1）应选择单位质量潜热高、密度大、比热大、导热好、相变过程体积变化小的蓄热介质；

（2）蓄热介质凝固时应无过冷现象或过冷程度很小，相变材料变形应小；

（3）蓄热介质应具有化学稳定性好、不易发生分解、使用寿命长的特点；对构件材料应无腐蚀作用；并应无毒性、不易燃烧、无爆炸性；

（4）应选择价格低廉、储量丰富、制备方便的蓄热介质。

【解释说明】相变潜热蓄热与显热蓄热相比，其最大优点是单位容积的蓄热量大，所占用的机房空间小。蓄热介质（如无机盐水混合物、石蜡等）的选择主要考虑其热力学特性、化学特性及经济性三个方面。蓄热介质的热力学性质主要包括相变潜热、熔点温度、导热率等；化学性质主要包括腐蚀、毒性、可燃、稳定性等；经济性主要是指成本。选择时应根据指南要求，综合考虑与利用，实现技术可靠、经济合理。

10.4.9 相变蓄热装置的工作温度范围、蓄热介质的相变温度应与蓄热温度、释热温度相匹配。

【解释说明】根据材料的相变温度不同，相变蓄热材料可分为低温相变蓄热材料、中温相变蓄热材料和高温相变蓄热材料。低温相变蓄热材料的相变温度一般为−50～90℃，其中低于15℃的材料主要用于空调制冷，而相变温度在15～90℃之间的材料广泛应用于太阳能储热领域。中温相变蓄热材料的相变温度范围一般为90～400℃，此温度段足够为其他设备或应用场合提供热动力高温热源，近年来在太阳能热发电、移动蓄热技术中就广泛应用了中温相变蓄热材料。高温相变蓄热材料的相变温度在400℃以上，主要应用于小功率电站、太阳能发电、工业余热回收等方面。

10.4.10 蓄热装置与管道的保温层厚度应符合下列规定：

（1）蓄热装置与管道的保温层厚度应按现行国家标准《设备及管道绝热设计导则》（GB/T 8175—2008）中经济厚度的计算方法确定；

（2）蓄热装置的热损失不应超过蓄热—释热周期蓄热量的5%。

【解释说明】蓄热装置的热损失主要取决于其表面积、周围环境温度和蓄热介质温度。同时，蓄热装置单位容积的蓄热量，也直接影响热损失占总蓄热量的比例。在蓄热装置设计时，应根据上述条件，对保温设计进行校核计算。表10.4.10列出了几种不同环境温度、蓄热介质温度、蓄热—释热温差和蓄热装置尺寸下，5%热损失对应的聚氨酯保温层厚度。

表 10.4.10　不同情况下蓄热损失 5%时蓄热装置保温层厚度计算

环境温度（℃）	蓄热介质温度（℃）	蓄热温差（℃）	蓄热装置外形（m）	保温层厚度（mm）
5	60	15	蓄热罐（φ=2，H=3）	121
5	60	20	蓄热罐（φ=2，H=3）	90
5	60	15	蓄热水箱（4×2×3）	98
5	60	20	蓄热水箱（4×2×3）	73
−8.9	60	15	蓄热罐（φ=2，H=3）	150
−8.9	60	20	蓄热罐（φ=2，H=3）	110
−8.9	60	15	蓄热水箱（4×2×3）	120
−8.9	60	20	蓄热水箱（4×2×3）	90

10.5 设备设置

10.5.1 蓄能设备设计要求应符合附录 F 的规定。

10.5.2 蓄能用槽体应具有足够的强度和承压能力，可采用钢制、玻璃钢制或由其他有机聚合物制作，也可采用混凝土槽，或利用建筑筏基；槽体整体应无渗漏，不变形。

10.5.3 蓄能设备与建筑基础之间应采取隔热措施。

10.5.4 金属盘管应整体作热浸镀锌处理，热浸镀锌层的技术要求及实验方法应符合相关要求。

10.5.5 在完全冻结式蓄冰设备及外融冰设备中，宜配置加强换热的搅动装置。

10.5.6 蓄冰封装容器内应预留一定的膨胀空间。

10.5.7 自然分层蓄冷槽的高径比宜小于 1.6；加大高径比时，应由相关专业人员进行校核。

10.5.8 开式水蓄冷、水蓄热设备应设置液位显示装置。

10.5.9 自然分层水蓄冷（热）设备应于垂直方向每间隔 10%设计水深且不大于 1 m 等距设置测温装置。

10.5.10 蓄热温度不高于 60℃的水蓄热装置可选用混凝土槽体或钢制罐体；蓄热温度高于 60℃的水蓄热装置应选用钢制罐体。

10.5.11 常温蓄热的最高蓄热温度不应高于 95℃，蓄热槽体可为开式水槽或承压闭式罐体。

10.5.12 高温蓄热的最高蓄热温度不应高于 150℃，普热罐体应为承压闭式罐体。

10.5.13 高温蓄热设备应设置安全保护、液位显示、压力显示及温度显示装置。

10.5.14 承压水蓄热罐体应采用钢制圆柱形罐体，罐体制作应符合压力容器国家现行相关标准的要求。

10.5.15 高热容固体自蓄热设备应安装真空压力表、超高温自动保护、漏电、短路及过载保护等；承压一体化水蓄热设备应安装超压自动保护、压力安全阀保护、低水位或缺水保护等。

10.5.16 用于制作金属盘管的钢带原材料应符合《冷轧低碳钢板及钢带》（GB/T 5213—2019）中 DC01 级的要求。

10.5.17 用于制作金属盘管的钢管原材料应符合《输送流体用无缝钢管》（GB/T 8163—2018）的要求。

10.5.18 相变材料化学性质应稳定，无公害，安全可靠。

10.5.19 相变材料相变时不应发生明显过冷现象且反复相变循环后不发生明显离析现象。

10.5.20 蓄能槽体所用防水材料应能承受水温、水压的变化，其膨胀系数应与绝热材料相近，且黏结性能好，对水质无污染。

10.5.21 蓄冷槽体保温宜采用闭孔型绝热材料，应为难燃材料，具有防潮、吸水率低且与槽体材料结合性能强等特性，槽体保温厚度应满足槽体外表面温度不低于周围空气的露点温度。

10.5.22 蓄热槽体绝热材料应为难燃材料或不燃材料，槽体保温厚度应满足槽体外表面温度高于周围空气温度不大于 5℃ 及保温要求。

10.5.23 高热容固体自蓄热设备的绝热材料允许使用温度应满足蓄热温度的要求，常温导热系数应小于 0.035 W/m·℃，绝热材料在使用过程中不得产生异味。

10.5.24 固体蓄热材料及取热材料必须耐高温，在其相应的蓄热温度下性能不应发生变化，无任何污染，性能衰减率每年不应超过 1%。

11. 智慧能源监控设计

11.1 一般规定

11.1.1 多能互补地源热泵的智慧监控系统应包括智慧监控中心、通信网络和本地监控站。

【解释说明】多能互补地源热泵系统主要包括地埋管、地源热泵能源站等。本地监控站是对多能互补地源热泵系统的某一区域进行监控，智慧监控中心是对整个多能互补地源热泵系统进行整体监控。

11.1.2 地埋管地源热泵智慧监控系统的设置应满足运行管理的要求。

【解释说明】从运行管理的角度看，设置智慧监控系统是为了辅助多能互补地源热泵系统的运行管理，可根据管理单位的自身需要和多能互补地源热泵系统的规模灵活设置智慧监控中心与本地监控站。

11.1.3 地埋管地源热泵智慧监控系统的网络安全应符合下列规定：

（1）智慧监控中心通信网络应采取安全隔离措施，网络出口应设硬件防火墙；

（2）地源热泵能源监控站和地埋孔、井室本地监控站采用冗余方式设计；

（3）智慧监控中心通信网络应对系统管理员、操作人员进行身份鉴别和分级管理，并对系统管理员的操作进行审计。

11.1.4 智慧监控中心应根据地埋管地源热泵系统规模、管理需求等因素分级设置。

【解释说明】对于实行区域化管理或者分类管理的多能互补地源热泵系统，宜设立集中智慧监控中心和区域（或分类）智慧监控中心两级监控。

11.1.5 智慧监控中心机房的设置应符合现行国家标准《数据中心设计规范》（GB 50174—2017）的有关规定。

【解释说明】智慧监控中心机房环境需满足计算机长期工作的要求，现行国家标准《数据中心设计规范》对环境要求、建筑与结构、空气调节、电气技术、给排水、消防进行了规定。

11.2 智慧监控中心功能

11.2.1 智慧监控中心应具备下列功能：

（1）监控运行；

（2）调度管理；

（3）能耗管理；

（4）故障诊断、报警处理；

（5）数据存储、统计及分析；

（6）集中显示。

【解释说明】从运行管理的角度看，智慧监控中心最基本的功能是监控整个多能互补地源热泵系统的正常运行，监控运行和故障诊断、报警处理模块；调度管理和能耗管理是设置监控系统所能达到的更高层次的要求。除本条要求的功能外，各供热管理单位可根据自身管理需求增加其他可选的功能，如热计量管理、用户管理、设备管理、视频监控等。

11.2.2 监控运行模块应具备下列功能：

（1）显示工艺流程画面及运行参数；

（2）实时监测本地监控站的运行状态；

（3）实时接收、记录本地监控站的报警信息，并能形成报警日志；

（4）支持多级权限管理；

（5）支持符合标准的工业型数据接口及协议，并能实现数据共享；

（6）采用 Web 浏览器/服务器的方式对外开放；

（7）自动校时。

11.2.3 调度管理模块应具备下列功能：

（1）制订供热（冷）方案；

（2）设定系统运行参数及控制策略；

（3）预测供热（冷）负荷，制订供热（冷）计划，优化供热（冷）调度；

（4）管网平衡分析及管网平衡调节；

（5）根据气象参数指导供热（冷）系统运行。

11.2.4 能耗管理模块应具备下列功能：

（1）能源计划管理，可按日、周、月、供暖季及年度等建立能源消耗计划，并能支持修改、保存和下发；

（2）能耗统计分析，可按生产单位统计水、电、热及燃料等的消耗量，建立管理台账，统计分析历年能源消耗量，生成报表和图表；

（3）能耗成本统计分析，可对供热（冷）能耗成本进行统计分析；

（4）能效分析，可对系统、主要设备等的能效进行分析。

11.2.5 故障诊断、报警处理模块应具备下列功能：

（1）参数超限报警和故障报警，当发生报警时，应有声、光提示；

（2）显示设备和通信线路运行状态；

（3）故障原因诊断。

11.2.6 数据存储、统计及分析模块应具备下列功能：

（1）对运行工艺参数、设备状态信号、报警信号等进行存储；

（2）对工艺参数、运行工况、供热（冷）质量等进行统计分析；

（3）对运行数据进行运行趋势和供热（冷）效果分析；

（4）按日、周、月、采暖季、年度等形成多种格式的报表，定期生成报表和运行趋势曲线图；

（5）生成温度、压力、流量和热量分配图表，对同类参数进行分析比较和预测；

（6）数据共享；

（7）打印报表和运行趋势曲线图。

11.2.7 集中显示宜具备下列功能：

（1）供热（冷）系统运行状态的显示，包括地源热泵出口、管网、地埋孔、地埋井等；

（2）集中显示内容的预览、切换；

（3）远程视频监控。

11.3 智慧监控中心配置

11.3.1 智慧监控中心硬件应由服务器、工作站、集中显示系统、电源系统和网络通信设备组成。

11.3.2 服务器配置应符合下列规定：

（1）应采用独立的服务器，不得与其他系统共享；

（2）备份数据的存储设备应与智慧监控中心物理隔离；

（3）服务器的数量应按监控点数、数据处理量和速度等需求确定；

（4）服务器宜采用冗余设计；

（5）服务器 CPU、内存占用率应小于 60%，存储空间应满足 3 个采暖（供冷）季的数据存储。

【解释说明】对服务器配置的要求：

（1）独立服务器可保证服务器数据安全，服务器性能不受服务器其他应用软件的影响；

（2）设置物理隔离是为了使智慧监控中心网络与互联网分开，保证内网数据安全；

（3）在监控点数较少的情况下，可以把数据处理和服务放在一个服务器上，当监控点数比较多时，要根据不同功能设置不同的服务器，比如通信服务器、数据服务器、Web 服务器等；

（4）为了保证服务器的处理数据性能和系统的可扩展性，服务器采用冗余设计；

（5）为使系统在稳定运行时有足够的数据处理能力，服务器 CPU、内存占用率需小于 60%，3 个采暖季的数据将实现可追溯性，便于数据分析、对比。

11.3.3 工作站配置应符合下列规定：

（1）工作站 CPU 和内存占用率应小于 60%；

（2）工作站数量不应少于 2 台；

（3）应能通过不同管理权限设定工程师站和操作员站。

11.3.4 集中显示系统可采用液晶拼接屏、投影、3D 全息等形式。

11.3.5 电源系统应符合下列规定：

（1）电源系统应采用双重回路，经 UPS（不间断电源）送入智慧监控中心；

（2）UPS 供电时间不应小于 2 h；

（3）电源系统容量不应小于服务器、工控机、通信设备等设备负荷之和。

【解释说明】电源系统包括供电系统和 UPS。由于智慧监控中心需完成对现场信号的实时监测和控制，因此要求配带 UPS，以保证监控系统在外部供电意外断电时由 UPS 提供应急供电，进行部分操作，并将重要信息进行存贮、传输、打印，以便及时分析处理。本条对 UPS 供电时间 2 h 的规定，是根据供热企业运行经验值确定的。供热单位也可根据当地实际供电情况，切换到备用供电线路，或者启用备用发电机，保证系统供电的连续性。

11.3.6 网络通信设备应符合下列规定：

（1）宜由路由器、网络交换机、硬件防火墙、网络机柜等组成；

（2）应支持 DDN（数字数据网）专线、DSL（数字用户线）、LAN（局域网）、无线公网等接入方式，并应能支持 VPN（虚拟专用网络）远程访问技术及相关加密协议；

（3）宜采用冗余模式。

11.3.7 智慧监控中心软件应安全、可靠，兼容性及扩展性好，并应由系统软件、应用管理软件与支持软件组成。

【解释说明】系统软件是指 Windows、Linux 等支持其他软件运行的操作系统；应用管理软件包括监控运行软件、数据分析软件、能耗管理软件、调度管理软件和其他业务软件；支持软件包括业务支撑平台和数据管理平台。

11.3.8 智慧监控中心实时数据库点数应留有余量，且不宜小于 10%。

【解释说明】制定此条的目的是实现软件的可扩展性，防止因实时数据库点数较少而增加二次费用。

11.3.9 本地监控站与服务器之间应采用客户机/服务器结构。服务器与远程客户端应采用浏览器/服务器结构，服务器应支持 Web 服务器。

【解释说明】客户机/服务器结构即 C/S 结构，其建立在局域网基础上，适用于专用网络或中小型网络环境。浏览器/服务器结构即 B/S 结构，其建立在广域网基础上，可以借助公共通信网络，比 C/S 有更强的适应范围；服务器支持用户 Web 服务器，方便用户随时上网，并对系统进行监控和管理。

11.4 本地监控站设置原则

11.4.1 本地监控站的监测与调控系统应能独立运行。

【解释说明】独立运行是对本地监控站的基本要求，以保证在智慧监控中心或通信网络出现故障时能够对本地供热系统进行调控。

11.4.2 本地监控站应具备下列功能：

（1）工艺参数、设备运行状态采集及监测；

（2）工艺参数超限、设备故障报警及联锁保护；

（3）工艺参数、设备运行状态的调控；

（4）数据存储、显示及上传。

【解释说明】本地监控站要具备向智慧监控中心上传数据的能力，上传的数据要满足智慧监控中心对监控数据的要求。智慧监控中心对监控数据的要求包括数据格式、数据种类、数据的采集周期、上传周期等。

11.4.3 本地监控站的硬件应由控制器、传感器、变送器、执行机构、网络通信设备和人机界面组成。

11.4.4 本地监控站的仪器仪表应符合下列规定：

（1）仪器仪表选型应根据工艺流程、压力等级、测量范围及仪表特性等因素综合确定。

（2）仪表精度等级选取应符合下列规定：主要参数指示仪表 1 级，记录仪表 0.5 级，经济考核仪表 0.5 级，一般参数指示仪表 1.5 级，就地指示仪表 1.5～2.5 级。在满足工艺要求的前提下，仪器仪表的精度应根据工程大小、投资状况、技术指标要求等综合考虑确定。

（3）温度传感器测量精度应达到 B 级，压力变送器测量精度应达到 0.1 级，流量计测量精度应达到 0.5 级。

【解释说明】温度仪表宜选用测量和变送一体化的温度变送器。测量元件要选用分度号为 Pt100 的铂热电阻，热电阻允差等级和允差值需符合现行行业标准《工业铂、铜热电阻检定规程》（JJG 229—2010）中关于 AA 级或 A 级的有关规定。

11.4.5 多能互补地源热泵系统能源站、地埋井室本地监控站应配备 UPS。

【解释说明】控制器配置不间断电源，在主电源掉电后，能够维持控制器运行，同时控制器向智慧监控中心发出掉电报警信息。

根据供热企业的经验，设置不间断电源供电后虽然可以在一定程度上提高系统可靠性，但增加了维护工作量和维护成本，各企业可根据自身需求选择性配置。

11.4.6 本地监控站的数据存储应符合下列规定：

（1）地源热泵能源站本地监控站应满足 3 个采暖季的在线数据存储要求，并应每年进行备份；

（2）地埋井室本地监控站应满足 1 个采暖季的数据存储要求，并应每年进行备份。

【解释说明】本地监控站数据存储要支持 3 年在线数据,每年可对在线数据定时导出保存,以便以后查询。

11.4.7 本地监控站宜对下列环境进行监测和报警:

(1)入侵报警;

(2)地面积水;

(3)烟感信号;

(4)室内环境温度。

11.4.8 本地监控站内控制器与其他智能设备之间应采用工业通用标准协议。

11.4.9 监控数据的单位和有效位数应统一。

11.5 冷热源系统本地监控站

11.5.1 供热系统本地监控站应对下列工艺参数进行采集和监测:

(1)热水锅炉房供水和回水总管的温度、压力、流量;

(2)外供瞬时和累计热量;

(3)锅炉房热力系统瞬时和累计补水量;

(4)锅炉房瞬时和累计原水流量;

(5)锅炉房生产和生活用电量;

(6)进厂燃料量和低位发热值,入炉燃料量和低位发热值;燃气锅炉房燃料的瞬时流量和累计流量;

(7)每台热水锅炉的进、出水温度和压力,出水流量,热水锅炉产热量(瞬间和累计);

(8)锅炉的排烟温度;

(9)锅炉烟气的污染物排放浓度;

（10）锅炉紧急（事故）停炉的报警信号，热水锅炉出水温超高、压力超高超低的报警信号；

（11）燃气锅炉房可燃气体浓度报警信号。

【解释说明】第 1、2、3、4、5 款是以锅炉房为单位向监控中心传输的涉及供热品质和供热经济性、安全性的参数，依据这些参数，监控中心可以评价锅炉房的供热质量，分析其运行成本，提出优化方案，挖掘节能潜力。锅炉是锅炉房的核心设备，本条第 6、7 款列出上传锅炉的相关参数，以便监控中心掌握锅炉的运行状况；第 8 款锅炉的排烟温度也可以反映出锅炉的运行效率；第 9 款列出锅炉房有关环保的参数；第 10、11 款是锅炉房安全运行的参数，监控中心可以第一时间掌握锅炉房运行的安全状况。

11.5.2 供热系统本地监控站应设置下列工艺参数超限报警及设备故障报警：

（1）锅炉出口水温高限值、水压限值报警；

（2）燃气锅炉炉膛熄火报警；

（3）燃气锅炉燃烧器前的燃气压力限值报警；

（4）自动保护装置动作报警；

（5）锅炉房室内空气中可燃气体浓度限值报警；

（6）循环水泵、风机故障报警；

（7）循环水系统定压限值报警；

（8）各类水箱液位限值报警。

11.5.3 供热系统本地监控站应设置下列联锁保护：

（1）锅炉进口压力低限值、出口温度高限值、循环水泵骤停，应自动停止燃料供应和鼓、引风机运行；

（2）燃气锅炉应设置熄火保护装置以及下列电气联锁装置：

①引风机故障时，应自动切断鼓风机和燃料供应；

②鼓风机故障时，应自动切断燃料供应；

③燃气压力低于规定值时，应自动切断燃气供应；

④室内空气中燃气浓度超出规定限值时，应自动切断燃气供应并开启事故

排风机。

11.5.4 供冷系统本地监控站应对下列工艺参数进行采集和监测：

（1）用户侧总进水和出水总管的温度、压力、流量；

（2）制冷机组蒸发器、冷凝器的进、出水温度、流量；

（3）制冷机组、泵组实时电压、电流和功率；

（4）循环系统压力及压差；

（5）站房瞬时和累计原水流量；

（6）站房生产和生活用电量；

（7）制冷机组紧急（事故）停机的报警信号，机组出水温超高超低、压力超高超低的报警信号；

（8）制冷剂泄漏报警信号。

11.5.5 供冷系统本地监控站应设置下列工艺参数超限报警及设备故障报警：

（1）制冷机组冷凝侧供回水温度高限、低限值报警；

（2）制冷机组蒸发侧供回水温度高限、低限值报警；

（3）循环水泵、补水泵故障报警；

（4）循环水系统定压限值报警；

（5）各类水箱液位限值报警；

（6）制冷剂泄漏报警；

（7）异常补水报警。

【解释说明】本条列出制冷机组所需要的基本的报警信号。

11.5.6 多能互补地源热泵系统本地监控站应对下列工艺参数进行采集和监测：

（1）用户侧总进水和出水总管的温度、压力、流量；

（2）热源侧总进水和出水总管的温度、压力、流量；

（3）热泵机组蒸发器、冷凝器的进、出水温度、流量；

（4）热泵机组、泵组实时电压、电流和功率；

（5）循环系统压力及压差；

（6）能源站热力系统瞬时和累计补水量；

（7）能源站瞬时和累计原水流量；

（8）能源站生产和生活用电量；

（9）热泵机组紧急（事故）停机的报警信号，机组出水温超高超低、压力超高超低的报警信号；

（10）制冷剂泄漏报警信号。

11.5.7 多能互补地源热泵系统本地监控站对热泵机组及辅助设备的监测和调控应符合现行国家标准《地源热泵系统工程技术规范》（GB 50366—2005）的规定。

11.5.8 多能互补地源热泵系统本地监控站应设置下列工艺参数超限报警及设备故障报警：

（1）热泵机组冷凝侧供回水温度高限、低限值报警；

（2）热泵机组蒸发侧供回水温度高限、低限值报警；

（3）循环水泵、补水泵故障报警；

（4）循环水系统定压限值报警；

（5）各类水箱液位限值报警；

（6）制冷剂泄漏报警；

（7）异常补水报警。

【解释说明】本条列出多能互补地源热泵系统所需的基本的报警信号。

11.5.9 多能互补地源热泵系统本地监控站应具备下列控制功能：

（1）循环水系统补水定压系统自动调节；

（2）地源热泵机组自动调节；

（3）板式换热机组温度自控调节；

（4）电动设备、阀门的远程控制。

【解释说明】本条列出多能互补地源热泵系统安全经济运行所需的基本自动调节和控制项目。本条第 4 款对电动装置提出在本地监控站完成远程控制要求，以提高自动化水平，降低劳动强度。

11.6 蓄能系统本地监控站

11.6.1 蓄能系统应配置自动控制系统以实现下列控制内容：

（1）冷热源设备和蓄能装置的控制；

（2）各运行模式的实现和转换控制；

（3）根据当前的电力峰谷时段、运行季节、热（冷）负荷率等数据，切换不同的运行模式，调整系统及设备设定值或设备优先级别，实现节约运行费用或其他控制目标；根据历史记录和实时监测数据对空调负荷进行预测；

（4）冷热量和用电量的分项、分设备计量与管理，运行费用的统计计算；

（5）蓄能系统自动保护控制与报警。

【解释说明】监测及自动控制系统应根据蓄能—释能周期内系统状态、负荷状况和时段切换运行模式（如制冷机组蓄冷、蓄冷装置单独供冷、制冷机组与蓄冷装置联合供冷等），采取相应的控制策略。

11.6.2 蓄能系统的检测内容应符合现行国家标准《民用建筑供暖通风与空气调节设计规范》（GB 50736—2012）的规定，采样时间间隔应根据数据规律设定，且记录时间间隔不宜大于 15 min，并应对下列参数和设备状态进行监测：

（1）蓄能装置的进出口温度和流量，瞬时蓄冷（热）量和释冷（热）量；

（2）蓄能装置储存的剩余蓄冷（热）量；

（3）蓄能装置的其他状态参数及故障报警信息；

（4）制冷机组或其他冷、热源设备的进、出口温度和流量，空调供回水温度和流量；

（5）系统相关的电动阀门的阀位状态；

（6）系统当前所处的电力峰谷时段、负荷率、运行模式等状态信息；

（7）系统蓄冷（热）量、供冷（热）量的瞬时值和累计值，各设备分项能耗的瞬时值和累计值；

（8）其他应检测的设备状态参数。

【解释说明】对于水蓄冷系统，一般在蓄冷水槽内垂直方向设置温度传感器，检测垂直方向的水温分布，并由此得到蓄冷量和斜温层的厚度；传感器间距不宜大于 200 mm。

11.6.3 冷水机组的电机、压缩机、蒸发器、冷凝器等内部设备的自动控制和安全保护宜由设备自带的控制系统进行监控。蓄能监控系统应具有进行数据交换的数据总线通信接口。

11.6.4 设计文件中应说明蓄能系统可实现的各种运行模式和实现各运行模式的控制动作，控制动作应适用相应运行模式下的各种负荷率和工况。

【解释说明】蓄能系统的运行模式是指阶段性的运行状态，如冰蓄冷系统中的制冰模式、蓄冰装置单独供冷模式、蓄冰装置与主机联合供冷模式等，在设计文件中应加以说明。另外，还应说明实现各种运行模式的控制动作，如各设备的开关、调节和设定值的改变，阀门动作（开关或调节）等。

11.6.5 在冰蓄冷系统的控制系统中应设置换热器二次侧防冻保护。

【解释说明】本指南第 10.3.21 条规定蓄冰系统中换热器二次侧应采取防冻措施。在控制系统中应针对各种可能的运行工况，自动实现这些保护功能。

11.6.6 蓄能系统中，载冷剂循环泵宜配置变频器，并宜符合下列规定：

（1）宜通过调试确定各设计工况对应的变频器频率设定值；

（2）宜按系统控制要求，根据压差或温度监测值和设定值调节变频器，以改变系统流量。

【解释说明】蓄冷系统一般较常规系统增加了中间换热循环管路和相应的水泵。水泵的耗电量还有相当部分将转换成蓄冷系统的得热，这增加了系统的能耗和冷量损失。当一组循环泵设计功率超过 7.5 kW 或单台泵功率超过 3.7 kW 时，一般应按本条要求设置变频器。

一般实际运行工况的系统阻力损失和水泵工况点与设计值存在差别，因此需要通过调试找到系统设计工况对应的变频器频率。在进行变流量控制时，以这个最大频率设定值为基础进行控制调节。另外，蓄冷系统的水泵一般需要适应如蓄冷、释冷等设计工况，也需要通过调试确定各工况对应的频率设定值，在运行模式切换时，可直接调整到对应的频率设定值。

11.6.7 当蓄冷系统运行模式为制冷机组与蓄冷装置联合供冷时，应根据系统效率、运行费用及系统流程选择下列控制策略之一。

（1）制冷机组优先，即设定制冷机组出口温度，使其满负荷运行或限定制冷机制冷量运行；当系统的负荷超出制冷机组的制冷量时，调节蓄冷装置的流量，实现供水温度的恒定。

（2）蓄冷装置优先，即设定蓄冷装置的进、出水流量，使其满负荷运行或限定释冷量运行；当系统的负荷超出释冷量时，按设定的出口温度开启并运行制冷机组，实现供水温度的恒定。

（3）比例控制，即根据蓄冷装置的剩余冷量和融冰率，按单位时段调节制冷机组与蓄冷装置的投入比例，投入比例可通过限定制冷机组制冷量或限定蓄冷装置释冷量来实现。

【解释说明】"制冷机组与蓄冷装置联合供冷"模式一般在部分负荷蓄冷系统的电力高峰时段启动。制冷机组优先的控制策略和控制方法简单，但应采取有效方法充分利用蓄冷装置的蓄冷量，如在负荷预测的基础上限定制冷机组的制冷量。

采用蓄冷装置优先的控制策略时，应防止蓄冷量过早释放，以致冷负荷高峰时供水温度和供冷量失控，因此应在负荷预测基础上采取限定制冷机组制冷量的优化控制方法。

11.6.8 设计文件中应对系统的运行策略进行描述，并应包括不同时间段、负荷率等条件下的运行模式选择、设备优先级别设定以及其他控制和调节措施。

11.6.9 蓄能—释能周期内的运行策略应根据热（冷）负荷和电价制定；全年运行策略应根据全年负荷、电价及运行费用变化情况进行相应调整。

11.7 地埋管系统本地监控站

11.7.1 地埋管部分应对下列工艺参数进行采集和监测：

（1）地埋管地源热泵监测系统，应根据工程的规模设置地质环境影响监测孔，并监测系统热源侧总进出水温度及地下释热量（吸热量）；

（2）室外环境温度监测；

（3）换热监测孔地层温度监测；

（4）换热影响监测孔地层温度监测；

（5）常温检测孔地层温度监测；

（6）大型项目增加地下水监测。

11.7.2 对地质环境的影响监测要求：

（1）地质环境影响监测孔数量不少于换热孔数量的 1%；

（2）地下温度监测时间间隔不大于 1 h；

（3）监测方式应为长期、连续监测。

11.7.3 地质环境监测：

（1）室外环境温度监测，宜将传感器探头置于室外空气中，仅与大气接触，注意防晒、防雨、防风，同时应距离地面或墙壁不小于 5 m，避免热辐射影响测量准确性。

（2）换热监测孔的位置，应包含布孔区域的中心和边缘。换热影响监测孔的位置应包含布孔区域内部和外围。监测孔的布置应考虑地下水流动方向。

（3）在竖直方向上，不同监测孔内的温度传感器排布深度应相同。

（4）传感器安装时，宜将温度传感器按照设计埋深全部或分组固定，探头和线缆均应固定牢固，接线端应做深度标识，将温度传感器下入监测孔后回填。

11.7.4 温度传感器应符合下列规定：

（1）传感器探头应加装钢制护套，护套内应充实导热介质，护套直径应与线径匹配，接口处应做防水处理。

（2）电缆线宜采用铠装屏蔽电缆或高强度护套屏蔽电缆，护套层应具防腐性能。传感器应不低于三线制，单芯线径应不小于 0.5 mm²。

（3）温度传感器附带电缆线长度应直接汇入机房并到达数据采集中心。当必须进行电缆线延长对接时，延长线应与附带线使用相同型号，且应保留屏蔽网。

（4）电缆线延长对接后，接线处应具有不低于电缆线的机械强度及绝缘、防水性能。

（5）温度传感器电缆线沿水平管沟一同汇入机房。

11.7.5 地埋管分集水器井室采集、监测和控制：

（1）分集水器进出水温度、压力监测；

（2）集水器进水流量监测；

（3）井室内电动阀门的远程控制。

11.8 通信网络设计

11.8.1 智慧监控中心与本地监控站之间应采用专用通信网络。

【解释说明】专用网络是指专门服务于特殊部门或群体的通信网络体系，不对全民开放，一般专网采用 VPN 组网技术，通过公用网络服务商所提供的网络平台建立起专用虚拟网络，安全性更高。

11.8.2 通信网络应符合下列规定：

（1）具备数据双向传输能力；

（2）通信网络应符合实时性要求；

（3）通信网络的带宽应留有余量，且余量不宜小于 20%；

（4）具备备用信道的通信网络应采用与主信道性质不同的信道类型；

（5）通信网络应充分利用 5G 网络进行数据传输。

11.8.3 通信网络宜选用基于 TCP/IP（传输控制协议/网际协议）的网络。

【解释说明】TCP/IP 是目前应用最为广泛、便捷的协议。

11.8.4 通信网络宜提供静态 IP 地址的接入。

【解释说明】提供静态 IP 地址的接入是为了使整个系统的网络构架规范化，具体实施可根据本地网络现状选择性采纳。

11.8.5 智慧监控中心与本地监控站的数据通信宜采用国际标准通用协议。

【解释说明】采用国际标准通用协议，可提高系统兼容性和扩展性。

11.8.6 智慧监控中心与本地监控站之间宜采用统一的通信协议。

【解释说明】智慧监控中心与本地监控站之间采用统一的通信协议可保持整个通信网络的一致性。

11.8.7 根据国家现行标准《信息安全技术网络安全等级保护测评要求》（GB/T 28448—2019）的规定，多能互补地源热泵智慧监控系统网络安全等级保护应为第三级。

11.8.8 信息网络安全等级的要求应按照国家现行标准《信息安全技术网络安全等级保护基本要求》（GB/T 22239—2019）中第三级安全要求执行。

11.9　智慧能源管理平台

11.9.1 智慧能源管理平台是面向各种能源场站的统一管理平台，应具有各能源系统全局能源管理功能、全局状态监视功能、智慧决策支持功能、安全管理功能、设备资产管理功能、智慧计量收费功能、智慧客服功能。

11.9.2 智慧能源管理平台应包括硬件设备和软件系统。

（1）智慧能源管理平台的硬件设备包括云端服务器及存储设备、本地服务器及存储设备、网络设备、人机接口设备等；

（2）智慧能源管理平台的软件系统包括操作系统、数据库等系统软件，以及根据需要设置的各种能源综合服务和增值服务等应用软件。

11.9.3 智慧能源管理平台应能够与各区域能源监控中心进行数据通信，能实时采集所需要的生产及统计数据，并能按需下发调度指令和参数。

11.9.4 智慧能源管理平台应具有与智慧城市系统联系的接口，能够提供智慧城市系统需要的各种能源信息。

12. 能源站房设计

12.1 厂区和布置

12.1.1 多能互补地源热泵系统能源站位置的选择，应根据下列因素确定：

（1）应符合当地总体规划和能源规划的要求；

（2）应靠近热（冷）负荷比较集中的地区，并应使引出管网的布置在技术、经济上合理，其所在位置应与所服务的主体项目相协调；

（3）应有便利和经济的交通运输条件；

（4）应远离对噪声比较敏感的建筑或建筑区域，且扩建端宜留有扩建余地；

（5）应有利于自然通风和采光；

（6）场地内应无洪涝、滑坡、泥石流等自然灾害的威胁，无危险化学品、易燃易爆危险源的威胁，无电磁辐射、含氡土壤等危害；

（7）应符合消防安全、环境保护的要求，全年运行的能源站应设置于总体最小频率风向的上风侧，季节性运行的能源站应设置于该季节最大频率风向的下风侧，并应符合环境影响评价报告提出的各项要求；

（8）应具有满足生产、生活所需的电源、水源、燃气等外部的配套供应设施；

（9）场地应具备污水及烟气的排放条件。

【解释说明】多能互补地源热泵系统能源站位置的选择，要在符合城市总体规划和能源规划的前提下，综合地质、交通、气象、水文等建设条件，并结合管网、环保、安全等因素确定。

12.1.2 多能互补地源热泵系统能源站宜为独立的建筑物。

12.1.3 当多能互补地源热泵系统能源站和其他建筑物相连或设置在其内部时，不应设置在人员密集场所和重要部门的上一层、下一层、贴邻位置以及主要通道、疏散口的两旁，而应设置在首层或地下室一层靠建筑物外墙部位。

【解释说明】这里需要说明的是，能源站本身高度超过一层楼的高度，设在其他建筑物内时，可能要占两层的高度，对这样的能源站，只要本身为一层布置，中间并没有楼板隔成两层，不论它是否已深入该建筑物地下第二层或地面第二层，本指南仍将其作为地下一层或首层。

另外，对能源站要设置在其他建筑物内部的，本指南还规定了应靠建筑物外墙部位设置，这是考虑到如果能源站发生事故，可使危害减小。

12.1.4 多能互补地源热泵系统能源站不宜设置在住宅建筑物内。

【解释说明】住宅建筑物内设置多能互补地源热泵系统能源站，不仅存在安全问题，还存在环保问题，无论是从大气污染，还是从噪声污染等方面看，都不宜将能源站设置在住宅建筑物内。

12.1.5 独立的多能互补地源热泵系统能源站的建筑造型和布局应符合当地规划要求，与周边环境和建筑风格相协调。

【解释说明】独立的多能互补地源热泵系统能源站的规划应与所在地区的总体规划相协调，协调内容应包括交通、物料运输和人流物流的出入口等。本条是对能源站建筑造型和整体布局方面的要求，能源站的建筑造型和布局应与周边环境和所在企业（单位）的建筑风格相协调；对区域能源站而言，应与周边环境和所在城市（区域）的建筑风格相协调。

12.1.6 独立的多能互补地源热泵系统能源站厂区内的各建筑物、构筑物的平面布置和空间组合，应紧凑合理、功能分区明确、建筑简洁协调，满足工艺流程顺畅、安全运行、方便运输、有利安装和检修的要求。

12.1.7 独立的多能互补地源热泵系统能源站的主体建筑和附属设施，宜采用整体布置。

【解释说明】根据国内外城市发展规划要求，多能互补地源热泵系统能源站的辅助厂房与附属建筑物宜尽量采用联合建筑物，并应注意能源站立面和朝向，使整体布局合理、美观。

12.1.8 独立的多能互补地源热泵系统能源站内的各建筑物、构筑物与场地的布置，应充分利用地形，使挖方和填方量最小，排水顺畅，并应防止水流入地下室和管沟。

【解释说明】充分利用地形，可使挖方和填方量最小。在山区布置时，对规模较大、建筑面积较大的多能互补地源热泵系统能源站，可采用阶梯式布置，以减少挖方和填方量。同时，能源站设计应注意排水顺畅，且应防止水流入地下室和管沟。

12.1.9 多能互补地源热泵系统能源站内建筑物、构筑物等相互之间的间距，应符合现行国家标准《建筑设计防火规范》（GB 50016—2014）的有关规定，并应满足安装、运行和检修的要求；燃气调压站、箱（柜）和其他建筑物、构筑物之间的间距，应符合现行国家标准《城镇燃气设计规范》（GB 50028—2006）的有关规定，并应满足安装、运行和检修的要求。

【解释说明】多能互补地源热泵系统能源站内建筑物、构筑物之间的间距，因涉及安全和卫生方面的问题，在能源站的总体布置上应予以充分重视。除了要执行本条列出的主要的现行国家标准，还要执行当地的有关标准和规定。

另外，现行国家标准《城镇燃气设计规范》对燃气调压站、箱（柜）与其他设施之间的距离做了相关规定，本指南也应符合此要求。

12.1.10 多能互补地源热泵系统能源站的建筑物室内一层标高和构筑物基础顶面标高，应高出室外地坪或周围地坪 0.15 m 或以上，主设备间和同层的辅助间地面标高应一致，变配电室（值班室）宜高于主设备间 0.1 m。

【解释说明】多能互补地源热泵系统能源站的建筑物和构筑物的室内底层标高应高出室外地坪或周围地坪 0.15 m 及以上，这是建筑物防水和排水的需要，可避免大雨时室外雨水向能源站内部倾注或侵蚀购置物，从而造成不利影响。主设备间和同层的辅助间地坪标高则要求一致，以使操作、行走安全。

12.1.11 多能互补地源热泵系统智慧监控中心，宜布置在便于运行人员观察和操作的位置。

12.1.12 多能互补地源热泵系统能源站宜设置修理间、仪表校验间、化验室等生产辅助间，以及值班室、更衣室、浴室、厕所等生活间和办公室。

12.1.13 根据供能范围、供能面积设置集中应急抢修场所，并配备相应应急抢修设备、材料和人员。

12.1.14 化验室应布置在采光较好、噪声和振动影响较小处，并应使取样方便。

【解释说明】采光、噪声和振动对化验室的分析工作有较大影响，因此在多能互补地源热泵系统能源站化验室设置时，要考虑上述影响。同时，由于能源站的取样、化验工作比较频繁，因此也要考虑其便利性。

12.1.15 多能互补地源热泵系统能源站应合理设置出入口，便于人员出入，满足人员紧急疏散的要求。锅炉间、燃烧设备间出入口的设置，应符合下列规定：

（1）出入口不应少于2个，并分散设置；但对于独立能源站的锅炉间，当炉前走道总长度小于12 m，且总建筑面积小于200 m²时，其出入口可设1个；

（2）锅炉间和燃烧设备间的人员出入口应有1个直通室外；

（3）锅炉间为多层布置时，其各层的人员出入口不应少于2个；楼层上的人员出入口，应有直接通向地面的安全楼梯。

12.1.16 锅炉间通向室外的门应向室外开启，能源站内的辅助间或生活间直通锅炉间的门应向锅炉间内开启。

【解释说明】锅炉间通向室外的门应向外开启，这是为了方便能源站工作人员的出入，同时便于人员在锅炉间发生事故时有序疏散；能源站内的辅助间或生活间直通锅炉间的门应向锅炉间内开启，这是为了使门能在锅炉间发生事故时自动关闭，减少给其他房间带来的损害，也有利于其他房间的人员进入锅炉间抢险。

12.1.17 燃气增压间、调压间、计量间应各设置至少1个安全出口。

【解释说明】《建筑设计防火规范》（GB 50016—2014）规定，甲类厂房每层建筑面积小于或等于100 m²时可设置1个安全出口。能源站专用的燃气增压间、调压间、计量间面积一般不会超过100 m²，且平时无人值守。因此，要求设不少于1个直通室外或直通安全出口的出入口。

12.1.18 变配电室长度超过7 m时，疏散门不应少于2个。

12.2 化验和检修

12.2.1 多能互补地源热泵系统能源站应设置化验室或化验场地。

12.2.2 多能互补地源热泵系统能源站化验室化验项目的能力，应符合下列要求：

（1）化验室应具备对悬浮物、总硬度、油、磷酸根和 pH 值的化验能力；能源站安装有燃气锅炉时，应具备溶解氧、全铁的化验能力；

（2）能源站宜具备或通过外协具备测定燃气热值的能力；

（3）能源站宜具备或通过外协具备测定烟气中氢、碳氢化合物等可燃物的含量的能力；

（4）能源站宜具备或通过外协具备化验氮氧化物、二氧化硫、颗粒物等烟气中污染物含量的能力。

【解释说明】本条根据目前国家环境保护和节能的要求和现状，根据现行国家标准《工业锅炉水质》（GB/T 1576—2018）进行修改，调整了化验项目，规定了化验室的化验要求以及能源站宜具备的测定能力。

12.2.3 多能互补地源热泵系统能源站应设置对锅炉、辅助设备、管道、阀门及附件进行维护、保养和小修的检修间，锅炉的中修、大修，宜协作解决。

12.2.4 多能互补地源热泵系统能源站检修间可配备钳工桌、砂轮机、台钻、洗管器、手动试压泵和焊、割等设备或工具。

12.2.5 总热功率大于或等于 42 MW 的多能互补地源热泵系统能源站，应设置电气保养室和仪表保养室。

【解释说明】总热功率大于或等于 42 MW 的多能互补地源热泵系统能源站，电气设备、仪表设备一般较多，需要有专人负责日常的维修保养，以便设备能正常运行。因此，指南中规定应设置电气保养室和仪表保养室，负责电气保养和仪表保养。

12.2.6 多能互补地源热泵系统应有设备、管道、管道附件进出的安装孔

（洞），对于重量较大的设备宜设起吊设施。

【解释说明】多能互补地源热泵系统应开设设备、管道、管道附件进出的安装孔（洞），对于重量较大的设备宜设起吊设施。但吊装方式及起吊荷载要根据设备大小、起吊件质量、起吊的频繁程度，由设计人员确定。

12.2.7 多能互补地源热泵系统能源站内热泵与冷机设备布置应符合以下要求：

（1）机组与墙之间的净距不小于 1 m，与配电柜的距离不小于 1.5 m；

（2）机组与机组或其他设备之间的净距不小于 1.2 m；

（3）宜留有不小于蒸发器、冷凝器或低温发生器长度的维修距离；

（4）机组与其上方管道或电缆桥架的净距不小于 1 m；

（5）能源站主要通道的宽度不小于 1.5 m，一般通道的宽度不宜小于 0.7 m。

【解释说明】随着设备清洁技术的发展，一些在线清洁方式也开始使用。当冷水或冷却水系统采用在线清洁装置时，可以不考虑本条第 3 款的规定。

12.2.8 能源站内架设的管道不得阻挡通道，不得跨越配电盘、仪表柜等设备。

12.2.9 能源站内位置较高且需经常操作的设备处应设操作平台、扶梯和防护栏杆等设施。

12.3 土建

12.3.1 多能互补地源热泵系统能源站的火灾危险性分类和耐火等级，应符合下列要求：

（1）锅炉间应属于丁类生产厂房，其建筑不应低于二级耐火等级；

（2）燃气调压间、气瓶专用房间及燃气增压间应属于甲类生产厂房，其建筑不应低于二级耐火等级。

【解释说明】本条是按现行国家标准《建筑设计防火规范》（GB 50016—2014）的有关规定，结合多能互补地源热泵系统能源站的具体情况，将能源站的火灾危险性加以分类，并确定其耐火等级，以便在设计中贯彻执行。

（1）本指南燃料可为煤、重油、轻油或天然气、城市煤气等，其锅炉间属于丁类生产厂房。根据现行国家标准《建筑设计防火规范》的规定，应按不低于二级耐火等级设计。

（2）天然气主要成分是甲烷（CH_4），其相对密度（与空气密度比值）为0.57，与空气混合的体积爆炸极限为 5%，按规定爆炸下限小于 10%的可燃气体的生产类别为甲类，故天然气调压间属甲类生产厂房。

12.3.2 燃烧设备间、锅炉间的泄压面积应符合下列规定：

（1）燃烧设备间、锅炉间的泄压面积不应小于其房间占地面积的 10%；

（2）燃气增压间、调压间、计量间的泄压面积宜按下式计算。当厂房的长径比大于 3 时，宜将该厂房划分为长径比小于或等于 3 的多个计算段，各计算段中的公共截面不得作为泄压面积。

$$A = 1.1V^{\frac{2}{3}} \tag{12.3.2}$$

式中：A——泄压面积（m²）；

V——厂房的容积（m³）。

（3）泄压方向不得朝向人员聚集的场所、房间和人行通道，泄压处也不得与这些地方相邻。当地下能源站采用竖井泄爆方式时，竖井的净横断面积，应满足泄压面积的要求。

12.3.3 多能互补地源热泵系统能源站锅炉间与相邻的辅助间之间应设置防火隔墙，并应符合下列要求：

（1）锅炉间与调压间之间的防火隔墙，其耐火极限不应低于 3 h；

（2）锅炉间与其他辅助间之间的防火隔墙，其耐火极限不应低于 2 h，隔墙上开设的门应为甲级防火门。

【解释说明】本条是按现行国家标准《建筑设计防火规范》（GB 50016—

2014）的有关规定，对多能互补地源热泵系统能源站内不同耐火等级的房间之间的防火隔墙作出的规定。

（1）调压间为甲类生产厂房，其建筑耐火等级不低于二级，与锅炉间之间的防火隔墙耐火极限不应低于 3 h。

（2）多能互补地源热泵系统能源站锅炉间是可能发生闪爆的场所，因此与辅助间之间应设置防火隔墙，防火隔墙耐火极限不应低于 2 h；隔墙上开设的门应为甲级防火门，设置后，辅助间相对安全，可按非防爆环境对待。

12.3.4 多能互补地源热泵系统能源站和其他建筑物贴邻时，应采用防火墙与贴邻的建筑分隔。

12.3.5 调压间的门窗应向外开启并不应直接通向锅炉间，地面应采用不产生火花的地坪。

12.3.6 多能互补地源热泵系统能源站为多层布置时，锅炉基础与楼地面接缝处应采取适应沉降的措施。

12.3.7 多能互补地源热泵系统能源站应预留能通过设备最大搬运件的安装洞，安装洞可结合门窗洞或非承重墙设置。

【解释说明】多能互补地源热泵系统能源站建筑的锅炉间、水处理间和水箱间均要考虑安装在其中的设备最大件的搬入问题，特别是设备最大件大于门窗洞口的情况，故要在墙、楼板上预留洞或结合承重墙先安装设备后砌墙。

12.3.8 钢筋混凝土烟囱的混凝土底板等内表面，其设计计算温度高于100℃的部位应有隔热措施。

12.3.9 烟囱和烟道连接处，应设置沉降缝。

【解释说明】本条主要是为防止烟囱基础和烟道基础沉降不一致时拉裂烟道。

12.3.10 多能互补地源热泵系统能源站的柱距、跨度和室内地坪至柱顶的高度，在满足工艺要求的前提下，宜符合现行国家标准《厂房建筑模数协调标准》（GB/T 50006—2010）的有关规定。

12.3.11 在设备吊装孔及高位平台周围，应设置防护栏杆。

【解释说明】本条是为了保护运行和维修人员的人身安全。

12.3.12 锅炉间外墙的开窗面积,应满足通风、泄压和采光的要求。

【解释说明】锅炉间的外墙开窗除要符合本指南第 12.3.2 条的防爆要求外,还应满足通风需要和Ⅴ级采光等级的需要。

12.3.13 多能互补地源热泵系统能源站地面应易于清洗,并设排水设施;对有酸、碱侵蚀的水处理间地面、地沟、混凝土水箱和水池等建、构筑物的设计,应符合现行国家标准《工业建筑防腐蚀设计标准》（GB/T 50046—2018）的有关规定。

【解释说明】多能互补地源热泵系统能源站的地面应易于清洗,并设排水设施;采用酸、碱还原的水处理间,其地面、地沟和中和池等均有可能受到酸、碱的侵蚀,因此要考虑防酸、防碱措施。

12.3.14 化验室的地面和化验台的防腐蚀设计,应符合现行国家标准《工业建筑防腐蚀设计标准》（GB/T 50046—2018）的有关规定,其地面应有防滑措施;化验室的墙面应为白色、不反光,窗户宜防尘,化验台应有洗涤设施,化验场地应作防尘、防噪处理。

12.3.15 多能互补地源热泵系统能源站生活间的卫生设施设计,应符合国家现行职业卫生标准《工业企业设计卫生标准》（GBZ 1—2010）的有关规定。

12.3.16 平台和扶梯,应选用不燃烧的防滑材料;操作平台宽度不应小于 800 mm,扶梯宽度不应小于 600 mm;平台上部净高不应小于 2 m,扶梯段上部净高不应小于 2.2 m;经常使用的钢梯坡度不宜大于 45°。

【解释说明】本条是根据人员在巡视操作和检修时要求的最小宽度和净空高度尺寸制定的,根据实际使用情况和用户的反映,为确保安全,经常使用的钢梯坡度不宜大于 45°。

12.3.17 多能互补地源热泵系统能源站楼面、地面和屋面的活荷载,应根据工艺设备安装和检修的荷载要求确定,并应符合表 12.3.17 的规定。

表 12.3.17 楼面、地面和屋面的活荷载

名称	活荷载（kN/m²）
锅炉间楼面	6～12
辅助间楼面	4～8
锅炉间及辅助间屋面	0.5～2
锅炉间地面	10
制冷间地面	8～12

注：①表中未列的其他荷载应按现行国家标准《建筑结构荷载规范》（GB 50009—2012）的规定选用；

②表中不包括设备的集中荷载和种植屋面荷载；

③锅炉间地面设有运输通道的，通道部分的地坪和地沟盖板可按 20 kN/m² 计算。

【解释说明】工艺要求指设备安装、检修的具体要求，经核定可按表 12.3.17 所列的范围进行选用。荷载超过表列范围时，工艺设计应另行提出。锅炉间的楼面荷载关键是考虑锅炉砌砖时砖堆积的高度和炉前堆放链条、炉排片的荷重。不同型号的锅炉，其用砖量不同。砖的堆放位置、堆放方法都影响楼板的荷载。因此，对楼板的荷载要区别对待，应由设计人员根据锅炉型号及安装、检修和操作要求来确定，但最低不宜小于 6 kN/m²，最大不宜超过 12 kN/m²。

12.3.18 在抗震设防烈度为 6 度及以上地区建设多能互补地源热泵系统能源站时，其建筑物、构筑物和管道设计，均应采取符合该地抗震设防标准的措施。

【解释说明】在抗震设防烈度为 6 度及以上的地区设置多能互补地源热泵系统能源站时，应考虑抗震设防，以减少地震对能源站的破坏。能源站建筑物和构筑物的抗震措施按现行国家标准《建筑抗震设计规范》（GB 50011—2010）执行。在能源站管道设计中，管道支座与管道间应加设管夹等防止管道从管架上脱落的措施，同时在管道的连接处应采用橡胶柔性接头等抗震措施。

12.4 电气

12.4.1 多能互补地源热泵系统能源站的供电负荷级别和供电方式，应根据工艺要求、热（冷）负荷的重要性和环境特征等因素，按现行国家标准《供配电系统设计规范》（GB 50052—2009）的有关规定确定。

12.4.2 变配电室布置应满足以下要求：

（1）变配电室宜靠近发电机房及电负荷中心，并宜远离燃气调压间、计量间；

（2）变配电室应方便进、出线及设备运输；

（3）变配电室不应设置在厕所、浴室、爆炸危险场所的正下方或正上方；

（4）在高层或多层建筑中，装有可燃性油的电气设备的变配电室应设置在靠外墙部位，且不应设置在人员密集场所的正下方、正上方、贴邻和疏散出口的两旁；

（5）室外布置的变配电设施不应设置在多尘、有水雾、有腐蚀性气体以及存放易燃易爆物品的场所。

12.4.3 电动机、启动控制设备、灯具和导线型式的选择，应与多能互补地源热泵系统能源站各个不同的建筑物和构筑物的环境分类相适应；锅炉间、燃气调压间等有爆炸危险场所的等级划分，应符合现行国家标准《爆炸危险环境电力装置设计规范》（GB 50058—2014）的有关规定。

【解释说明】燃气中如天然气的主要成分为甲烷，当它与空气形成 5%～15%浓度的混合气体时易着火爆炸，因此天然气调压间属防爆建筑物。不同环境的建筑物和构筑物内所选用的电机和电气设备，均要与各个不同环境相适应。

12.4.4 多能互补地源热泵系统能源站的配电方式宜采用放射式；当有数台锅炉机组时，宜按锅炉机组为单元分组配电。

【解释说明】多能互补地源热泵系统能源站用电设备较少时，宜采用以放射式为主的配电方式；按锅炉机组单元分组配电是指配电箱配电回路的布置要尽可能结合工艺要求，按锅炉机组分配，以减少电气线路和设备故障、检修对生产的影响。

12.4.5 多能互补地源热泵系统能源站机组采用集中控制时，应符合下列规定：

（1）在远离操作屏的电动机旁，宜设置事故停机按钮；

（2）当需要在不能观察电动机或机械的地点进行控制时，应在控制点装设指示电动机工作状态的灯光信号或仪表；电动机的测量仪表，应符合现行国家标准《电力装置电测量仪表装置设计规范》（GB/T 50063—2017）的有关规定；

（3）自动控制或联锁的电动机，应有手动控制和解除自动控制或联锁控制的措施；远程控制的电动机，应有就地控制和解除远程控制的措施；当突然启动可能危及周围人员安全时，应在机械旁装设启动预告信号和应急断电开关或自锁按钮。

【解释说明】当多能互补地源热泵系统能源站机组采用集中控制时，按操作规程规定，锅炉启动前应由运行人员巡视，操作有关阀门，掌握全面情况，然后在操作屏集中控制。因此，本条不规定设置控制按钮。当集中控制机组的电动机与操作层不在同一层且距离较远时，为便于在运行中就地发现故障并及时加以排除，规定"在远离操作屏的电动机旁，宜设置事故停机按钮"。

12.4.6 电气线路宜采用穿金属管或电缆布线，且不应沿热风道、烟道、热水箱和其他载热体表面敷设；当需要沿载热体表面敷设时，应采取隔热措施。

12.4.7 多能互补地源热泵系统能源站各房间及构筑物地面上人工照明标准照度值、显示指数及功率密度值，应符合现行国家标准《建筑照明设计标准》（GB 50034—2013）的有关规定。

【解释说明】本条规定是国家对照明规定的基本要求，应予以执行。

12.4.8 照明装置电源的电压，应符合下列要求：

（1）当灯具的安装高度距地面和平台工作面小于 2.50 m 时，应有防止电击的措施或采用不超过 36 V 的电压；

（2）手提行灯的电压不应超过 36 V；在潮湿场所应用手提行灯的电压不应超过 12 V。

12.4.9 烟囱顶端上装设的飞行标志障碍灯，应根据多能互补地源热泵系统能源站所在地航空部门的要求确定；障碍灯应采用红色，且不应少于 2 盏。

【解释说明】由于多能互补地源热泵系统能源站烟囱往往是工厂或民用建筑中最高的构筑物，因此需要与当地航空部门联系，确定是否装设飞行标志障碍灯。如需装设，则应为红色，装在烟囱顶端，不应少于 2 盏，并应方便维修。

12.4.10 多能互补地源热泵系统能源站各类建（构）筑物的防雷设施，应符合现行国家标准《建筑物防雷设计规范》（GB 50057—2010）的规定。

12.4.11 气体和液体燃料管道，应有静电接地装置；当其管道为金属材料，且与防雷或电气系统接地保护线相连时，可不设静电接地装置。

【解释说明】气体和液体燃料流动时产生的静电要有泄放通道，接地点间距应在 30 m 以内，但条文不做规定，由工程设计确定。管道连接处若有绝缘体间隔，则要采用导电跨接方式。在管道布置需要时，还要设避雷装置。

12.5 供暖通风

12.5.1 多能互补地源热泵系统能源站内工作地点的夏季空气温度，应根据设备散热量的大小，按国家现行职业卫生标准《工业企业设计卫生标准》的有关规定确定。

12.5.2 当利用通风可以排除能源站内的余热、余湿或其他污染物时，宜采用自然通风、机械通风或复合通风的方式。

12.5.3 锅炉间、水泵间等房间的余热，宜采用有组织的自然通风排除；当自然通风不能满足要求时，应设置机械通风。

【解释说明】对锅炉间、水泵间等房间的自然通风，强调了"有组织"，以保证有效地排除余热和降低工作区的温度。在受工艺布置和建筑造型的限制，自然通风不能满足要求时，就要采用机械通风。

12.5.4 锅炉间锅炉操作区等经常有人工作的地点，在热辐射强度大于或等于 350 W/m² 的地点，应设置局部送风。

【解释说明】操作时间较长的工作地点，当其温度达不到卫生要求，或热辐射照度大于 350 W/m² 时，应设置局部通风。

12.5.5 夏季运行的地下、半地下、地下室和半地下室的能源站控制室，应设有空气调节装置；其他能源站的控制室、化验室的仪器分析间，宜设空气调节装置。

【解释说明】当能源站控制室设置在地下（室）、半地下（室）时，其能源站控制室和化验室的仪器分析间通风条件较差，在夏天工作条件更差，为改善劳动条件，提出设置空气调节装置的要求。对于一般能源站的控制室和化验室的仪器分析间，为改善劳动条件，宜设空气调节装置。

12.5.6 多能互补地源热泵系统能源站各生产房间生产时间的冬季室内计算温度，宜符合表 12.5.6 的规定；在非生产时间的冬季室内计算温度宜为 5℃。

表 12.5.6　各生产房间生产时间的冬季室内计算温度

房间名称		温度（℃）
锅炉间、热泵间及热（冷）交换站	经常有人操作时	12
	设有控制室，无经常操作人员时	5
控制室、化验室、办公室		16～18
水处理间、值班室		15
燃气调压间、化学品库、风机间、水箱间		5
水泵房	在单独房间内经常有人操作时	15
	在单独房间内无经常操作人员时	5
更衣室		23
浴室		25～27

12.5.7 在有设备散热的房间内，应对工作地点的温度进行热平衡计算，当其散热量不能保证本指南规定工作地点的供暖温度时，应设置供暖设备。

12.5.8 设在其他建筑物内的多能互补地源热泵系统能源站的锅炉间、燃烧设备间，应设置独立的送排风系统，其通风装置应防爆，通风量必须符合下列要求：

（1）锅炉间或燃烧设备间设置在首层时，其正常换气次数每小时不应少于 6 次，事故换气次数每小时不应少于 12 次。

（2）锅炉间或燃烧设备间设置在半地下或半地下室时，其正常换气次数每小时不应少于 6 次，事故换气次数每小时不应少于 12 次。

（3）锅炉间或燃烧设备间设置在地下或地下室时，其换气次数每小时不应少于 12 次。

（4）送入锅炉间和燃烧设备间的新风总量，必须大于每小时 3 次的换气量。

（5）送入控制室的新风量，应按最大班操作人员计算。

注：换气量中不包括燃烧所需空气量。

12.5.9 多能互补地源热泵系统能源站的热泵间、冷机间通风应满足以下规定：

（1）设备间排风系统宜独立设置且应直接排向室外。

（2）机械排风宜按制冷剂的种类确定事故排风口的高度。当设于地下的热泵间、冷机间，且泄漏气体密度大于空气时，排风口应上下分别设置。

（3）机械通风量应按连续通风和事故通风分别计算。当设备放热量的数据不全时，通风量可取 6 次/小时，事故通风量不应小于 12 次/小时。

（4）直燃溴化锂制冷机的冷机间宜设置独立的送、排风系统。燃气直燃溴化锂制冷机的冷机间通风量不应小于 6 次/小时，事故通风量不应小于 12 次/小时。冷机间的送风量应为排风量与燃烧所需的空气量之和。

12.5.10 燃气调压间等有爆炸危险的房间，应有每小时不少于 6 次的换气量；当自然通风不能满足要求时，应设置机械通风装置，并应设每小时换气不少于 12 次的事故通风装置；通风装置应防爆。

【解释说明】燃气调压间内难免有燃气自管道附件泄漏出来，容易产生爆炸或中毒危险，燃气调压间内气体的泄漏量尚无数据支持，为安全起见做出对有爆炸危险的房间的换气次数为每小时不小于 6 次的规定。

调压间室内余热主要依靠自然通风排除，当限于条件自然通风不能满足要求时，应设置机械通风。

12.5.11 通风系统不应利用土建风道作为送风道和输送冷、热处理后的新风风道。当受条件限制利用土建风道时，应采取可靠的防漏风和绝热措施。

12.5.12 机械通风系统的风量大于 10 000 m³/h 时，风道系统单位风量耗功率（Ws）不宜大于 0.27 W/（m³/h）。当通风系统使用时间较长且运行工况（风量、风压）有较大变化时，通风机宜采用双速或变速风机。

【解释说明】风道系统单位风量耗功率指的是实际消耗功率而不是风机所配置的电机的额定功率，因此不能用设计图（或设备表）中的额定电机容量除以设计风量来计算。在普通的机械通风系统中，设计师应在设计图中标明风机的风压，以及对风机效率的最低限值要求，以此计算实际设计系统的单位风量耗功率[不宜大于 0.27W/（m³/h）]。

12.5.13 通风或空调系统与室外相连接的风管和设施上应设置可自动连锁关闭且密闭性能好的电动风阀，并采取密封措施。

12.5.14 机械通风房间内吸风口的位置，应根据燃气的密度大小，按现行国家标准《民用建筑供暖通风与空气调节设计规范》（GB 50736—2012）及《工业建筑供暖通风与空气调节设计规范》（GB 50019—2015）中的有关规定确定。

【解释说明】燃气中液化石油气的密度较空气大，气体易沉积在房间下部。煤气的密度较空气小，易浮在房间上部。为方便泄漏气体的排除，通风吸风口的位置应根据燃气的密度大小，按现行国家标准的规定确定。

12.6 给水排水

12.6.1 多能互补地源热泵系统给水水源应稳定可靠，宜采用市政自来水；当水质不满足要求时应进行给水处理。

12.6.2 多能互补地源热泵系统的给水宜采用 1 根进水管。当中断给水导致停炉并造成重大损失时，应采用 2 根从室外环网的不同管段或不同水源分别接入的进水管。给水流量应满足全厂最不利情况下最大小时用水量，当采用 1 根进水管时，应设置为排除故障期间用水的水箱或水池；其总容量应包括原水箱、软化或除盐水箱、除氧水箱和中间水箱等的容量，并不应小于 2 h 热（冷）源的计算用水量。

12.6.3 进水总管、冷却塔补水管、管网补水管、换热站补水管等应分别设置计量水表，并应采用数字水表接入能耗监测系统。

12.6.4 给水管道布置应满足以下要求：

（1）给水管道阀门、水表等应设置在便于操作处；

（2）给水总管及冷却塔补水管应设有倒流防止器等可靠的防回流污染装置；

（3）冷却塔补水管应设置泄空管；

（4）蓄能设施应根据工艺要求设置补水管。

12.6.5 冷却用水量大于或等于 8 m³/h 时，应循环使用。

12.6.6 多能互补地源热泵系统排水应采用雨污分流，污水达标排放。

12.6.7 多能互补地源热泵系统能源站内应设置排水设施，宜采用排水沟形式，排水沟布置应满足以下要求：

（1）排水沟布置应便于设备排污口等工艺排水管就近接入；

（2）排水沟布置不应影响设备主运输通道、人员主检修通道等；

（3）排水沟布置不应穿越防火分区。

12.6.8 地下室设备排水应设置集水坑，采用潜污泵提升排至污水排放系统，并满足以下要求：

（1）集水坑和潜污泵的设置应满足工艺排水要求，潜污泵宜设置备用泵；

（2）应设置自动排水装置；

（3）集水坑应设置超警戒水位报警装置，并将信号接至控制室。

12.6.9 地下机房潜污泵总排水量除满足设备连续排污量要求外，还应考虑事故排水和消防排水要求。

12.6.10 新建工程硬化面积达 2 000 m² 及以上的项目，应配建雨水调蓄设施。

13. 换热（冷）站和管网设计

13.1 换热（冷）系统

13.1.1 换热（冷）器容量应根据热（冷）负荷确定；采用 2 台及以上换热（冷）器时，当其中 1 台停止运行，其余换热（冷）器容量宜满足 60%～75% 总计算热（冷）负荷的需要。

【解释说明】为了降低投资，换热（冷）器可不设置备用。为了保障供（冷）热的可靠性，可采用几台换热（冷）器并联的办法，当其中 1 台故障时，其余换热（冷）器的换热（冷）量能满足 60%～75% 总计算负荷的需要，严寒地区取上限。

13.1.2 用户供热（冷）系统与一次管网连接宜采用间接连接。当管网水力工况能保证用户内部系统不汽化、不超过用户内部系统的允许压力、管网资用压头大于用户系统阻力时，用户系统可采用直接连接。当采用直接连接，且用户供热系统设计供水温度低于管网设计供水温度时，应采用有混水降温装置的直接连接。

13.1.3 间接连接供热（冷）系统循环泵的选择应符合下列规定：

（1）水泵流量不应小于所有用户的设计流量之和；

（2）水泵扬程不应小于换热（冷）器、站内管道设备、主干线和最不利用户内部系统阻力之和；

（3）当采用"质—量"调节或用户自行调节时，循环水泵应选用调速泵。

13.1.4 供暖系统混水装置的选择应符合下列规定：

（1）混水装置的设计流量应按下列公式计算：

$$G_{h}^{'} = uG_{h} \qquad (13.1.4\text{-}1)$$

$$u = \frac{t_1 - \theta_1}{\theta_1 - t_2} \qquad (13.1.4\text{-}2)$$

式中：G_{h}'——混水装置设计流量（t/h）；

G_{h}——供暖热负荷管网设计流量（t/h）；

u——混水装置设计混合比；

t_1——供热管网设计供水温度（℃）；

θ_1——用户供暖系统设计供水温度（℃）；

t_2——供暖系统设计回水温度（℃）。

（2）混水装置的扬程不应小于混水点以后用户系统的总阻力；

（3）采用混合水泵时，台数不宜少于2台，其中1台备用。

【解释说明】混水装置可以是引射泵、混水泵等方式，也可采用循环泵和混水罐方式。无论何种方式，混水后的供回水压差都应大于或等于混水点以后用户系统的总阻力，这样才能满足户内系统循环运行的需要。

混水泵停止运行会造成二次侧管网超温，为保证供热安全，建议混水泵台数不宜少于2台，其中1台备用。若采用循环泵和混水罐方式，当库房有相同或相近型号的水泵做备用时，循环水泵台数也可以为1台。

13.1.5 当换热（冷）系统入口处一次管网资用压头不能满足用户需要时，可设加压泵；加压泵宜设置在换热（冷）系统回水管道上。

【解释说明】当换热（冷）站自动化水平较高，开动加压泵能自动维持设计流量时，采用分散加压泵可以节能。

13.1.6 间接连接供暖系统补水装置的选择应符合下列规定：

（1）补水能力应根据系统水容量和供水温度等条件确定，可按下列规定取用：

①当设计供水温度高于65℃时，可取系统循环流量的4%～5%；

②当设计供水温度等于或低于65℃时，可取系统循环流量的1%～2%。

（2）补水泵的扬程不应小于补水点压力加 30～50 kPa；

（3）补水泵台数不宜少于 2 台，可不设备用泵；

（4）补给水箱的有效容积可按 15～30 min 的补水能力考虑。

【解释说明】供暖系统补水泵的流量应满足正常补水和事故补水（或系统充水）的需要。本条规定采用现行行业标准《锅炉房设计标准》（GB 50041—2020）的方式，按系统循环水量计算补水量。正常补水量按系统水容量计算较合理，但换热站设计时统计系统水容量有一定难度，故给出按系统循环水量和水温估算的事故补水量参考值。

13.1.7 换热（冷）系统应设置补水系统，并应配备水质检测设备和水处理装置。以热水为介质的供热系统补给水水质应符合表 13.1.7 的规定。

表 13.1.7　补给水水质

项目	数值
浊度（FTU）	≤5.0
硬度（mmol／L）	≤0.60
pH 值（25℃）	7.0～11.0

13.1.8 间接连接供热（冷）系统定压点应设在循环水泵吸入口附近。定压值应保证系统满水，且任何一点供暖系统不超压，并应符合本指南相关规定。定压装置宜采用高位膨胀水箱或氮气、空气定压装置或补水泵定压等。气体定压应采用空气与水用隔膜隔离的装置。定压装置的补水水泵性能应符合本指南相关规定。定压系统应设超压自动排水装置。

【解释说明】供热（冷）系统循环泵入口侧是系统循环中压力最低的点，定压点设在此处可保证系统中任何一点的压力都高于定压值。定压值主要是保证系统充满水（即不倒空）和不超过散热器的允许压力。高位膨胀水箱是简单可靠的定压装置，但有时不易实现，此时可采用氮气或空气定压装置。现在还有许多系统采用调速泵进行补水定压，这种方式的优点是设备简单，占地少，适用于水容量较大的供暖系统，但在系统较小、管路较短时会产生安全阀频繁起跳现象，所以系统较小时宜配置隔气式稳压罐。

13.1.9 换热（冷）器的选择应符合下列规定：

（1）间接连接系统应选用工作可靠、传热性能良好的换热（冷）器；

（2）换热（冷）器计算时应计入换热（冷）表面污垢的影响，传热系数计算时应计入污垢修正系数；

（3）计算容积式换热器传热系数时应计入水垢热阻；

（4）换热（冷）器可不设备用，换热（冷）器台数的选择和单台能力的确定应能适应热（冷）负荷的分期增长，并考虑供热（冷）可靠性的需要。

13.1.10 换热（冷）系统的补水质量应保证换热（冷）器不结垢，当不能满足要求时应对补给水进行软化处理或加药处理。

【解释说明】为保证换热（冷）器不结垢，对换热（冷）系统的水质提出要求，本条采用《工业锅炉水质》标准。

13.1.11 当同时安装有供热、供冷设施时，水处理系统应统一设计。

13.1.12 管网供、回水总管上应设阀门。当采用质调节时宜在一次侧管网供水或回水总管上装设自动流量调节阀；当采用变流量调节时宜在一次侧管网上装设自力式压差调节阀。

换热（冷）站内二次侧各分支管路的供、回水管道上应设阀门。在各分支管路上应设自动调节阀或手动调节阀。

13.1.13 一次侧管网供水总管及二次侧用户系统回水总管应设除污器。

13.2 换热（冷）站

13.2.1 换热（冷）站规划宜满足下列要求：

（1）宜布置在供应建筑物的负荷中心区及其地下空间；

（2）独立结算的建筑宜单独设置换热（冷）站；

（3）在保证末端用户使用需求的前提下，宜加大换热温差。

【解释说明】设置换热（冷）站的目的是避免输送管路长短不一，难以平衡，同时解决系统承压的问题。本条文规定换热（冷）站内换热器的温差是为了避免盲目放大换热器换热面积，增加投资成本。

13.2.2 换热（冷）站的建筑物除应符合《建筑设计防火规范》（GB 50016—2014）中的相关要求外，还应满足如下要求：

（1）换热（冷）站属于戊类生产厂房，耐火等级地上部分不低于二级；

（2）地下换热（冷）站耐火等级不低于一级。

13.2.3 换热（冷）站的门窗应满足防火和隔声要求。

13.2.4 控制室及电子设备间（配电室）室内地坪应高于换热（冷）设备间地坪 100 mm；所对应的房间门朝换热（冷）设备间开启。

13.2.5 换热（冷）站应考虑最大运输件的运输要求和设备的维护、维修要求。

13.2.6 换热（冷）站所在构筑物及其附属设施不得存在渗水、漏水现象；地下换热（冷）站防水等级应为一级，且应满足《地下工程防水技术规范》（GB 50108—2008）的防水要求。

13.2.7 换热（冷）站耐火等级、安全等级、抗震等级同换热（冷）站所在建筑物相关指标。

13.2.8 站房长度大于 12 m 的换热（冷）站的安全出口不应少于 2 个。

【解释说明】本条规定是为满足事故时人员安全疏散的需要。

13.2.9 换热（冷）站入口主管道和分支管道上应设置阀门。

【解释说明】换热（冷）站是能源分配站，生产工艺、供热、通风、空调及生活热负荷需要的参数各不相同，而且它们的运行时间也很难做到完全一致，各个分支管道可以单独设置阀门、安全阀、流量计等附件，从而实现不同用途系统的分时启停、流量分配等目的，减少不同用途系统之间的互相影响。

13.3 供热（冷）管网

13.3.1 供冷、供热管网宜分别设置。当满足下列条件时，供冷管网和供热管网可同管设计：

（1）管网不在同一时间供应热负荷和冷负荷；

（2）供冷的冷冻水和供热热水的流量相当，并取较大值作为管网设计流量。

13.3.2 供热建筑面积大于或等于 1 000 万平方米的供热系统应采用多热源供热；多热源供热系统在技术经济合理时，其输配干线宜连接成环状管网，且输送干线间宜设置连通干线。

13.3.3 供热系统的连通干线或主环线设计时，各种事故工况下的最低保证率应不低于 40%，并应考虑不同事故工况下的切换手段。

13.3.4 热源向同一方向引出的干线之间宜设连通管线。连通管线应结合分段阀门设置。连通管线可作为输配干线使用。连通管线设计时，应使故障段切除后其余热用户的最低保证率不低于 40%。

13.3.5 对供热（冷）可靠性有特殊要求的用户，有条件时应由两个热（冷）源供热（冷），或者设置自备热（冷）源。

【解释说明】本条主要考虑特殊条件下的重要用户设计原则，并不适用于一般用户。

13.3.6 供热（冷）管网的设计使用年限不应小于 30 年。

【解释说明】为了保障工程建设质量，在设计计算、材料选择、产品制造、工程施工、检验试验、项目验收、运行管理等环节均应严格控制，这样才能满足管道使用要求。本条规定设计工作年限的管道是指管道的主体结构，不包括阀门、补偿器、仪表、支架、保温等易损附件。

13.3.7 供热（冷）管道的管位应结合地形、道路条件和城市管线布局的要求综合确定。直埋供热管道应根据敷设方式、管道直径、路面荷载等条件确定覆土深度。直埋供热（冷）管道覆土深度车行道下不应小于 0.8 m，人行道及田地下不应小于 0.7 m。

13.3.8 供热（冷）管道焊接接头应按规定进行无损检测，对于不具备强度试验条件的管道，应对接焊缝进行 100%射线或超声检测。直埋敷设管道接头安装完成后，应对外护层进行气密性检验。管道现场安装完成后，应对保温材料裸露处进行密封处理。

【解释说明】本条规定是为了保证管道焊接质量。管道焊接质量检验包括对口质量检验、外观质量检验、无损探伤检验、强度和严密性试验。无损检测是检验管道焊接质量的重要手段。一般情况下根据不同介质、不同管径、不同敷设方式确定管道焊缝无损检测数量比例，检测数量及合格标准应符合设计文件及相关标准的要求。直埋敷设管道、地下穿越工程管道不易开挖检修，不具备强度试验条件的管道焊缝缺少其他检验手段，以上管道对焊接可靠性要求较高，应进行 100%无损检测。

13.3.9 供热（冷）管沟内不得有燃气管道穿过。当供热（冷）管沟与燃气管道交叉的垂直净距小于 300 mm 时，应采取防止燃气泄漏进入管沟的措施。

【解释说明】供热（冷）管道特别需要重视的是与燃气管道交叉处理的技术要求，供热管沟通向各处，一旦燃气进入管沟，很容易渗入与之连接的建筑物内，从而造成燃烧、爆炸、中毒等重大事故。因此，本条规定不允许燃气管道进入供热（冷）管沟，且当燃气管道在供热（冷）管沟外的交叉距离较近时，也应采取加套管等可靠的隔绝措施，以保证燃气管道泄漏时燃气不会通过沟墙缝隙渗漏进管沟。

13.3.10 室外供热（冷）管沟不应直接与建筑物连通。管沟敷设的供热（冷）管道进入建筑物或穿过构筑物时，管道穿墙处应设置套管，保温结构应完整，套管与供热管道的间隙应封堵严密。

13.3.11 通行管沟应设逃生口，供热（冷）管道通行管沟的逃生口间距不应大于 400 m。

【解释说明】通行管沟或管廊是人员可以进入检修及操作的空间，设置逃生口是为了保证进入人员的安全，保证运行检修人员安全撤离事故现场。

13.3.12 当供热（冷）管穿（跨）越铁路、公路、市政主干道路及河流、灌渠时，应采取防护措施，不得影响交通、水利设施的使用功能和供热（冷）管道的安全。

【解释说明】铁路、公路、桥梁、河流和城市主要干道是重要交通及水利设施，供热管道如需与铁路、公路、桥梁、河流交叉，应与相关运营管理单位协商穿越或跨越实施方案，在施工、运行及维护时不破坏其他设施，同时要保证供热（冷）管道自身安全。供热（冷）管道穿（跨）越铁路和道路的净空尺寸或埋设深度要满足车辆通行及路面荷载要求，穿（跨）越河流的净空尺寸或埋设深度要满足泄洪、水流冲刷、河道整治和（冷）航道通航的要求。

13.3.13 供热（冷）管网的水力工况应满足用户流量、压力及资用压头的要求。

13.3.14 供热管网运行时应保持稳定的压力工况，并应符合下列规定：

（1）任何一点的压力都不应小于供热介质的汽化压力加 30 kPa；

（2）任何一点的回水压力都不应小于 50 kPa；

（3）循环泵和吸入侧的压力，不应小于吸入口可能达到的最高水温下的汽化压力加 50 kPa。

【解释说明】保证热水管网水力工况稳定是热水供热系统可靠运行的基本要求，水力工况应保证管道内的水不汽化、系统不倒空、管路及设备不超压、循环泵不汽蚀。热水汽化会引起水击事故，因此应留有适当富裕压力，保证在系统压力少量波动时也能安全运行。不超压的规定见《供热工程项目规范》（GB 55010—2021）第2.2.1条第2款。管网设计和运行阶段均要绘制水压图，并在关键点安装监测装置，运行压力过高及过低时报警，系统可启动补水、泄水装置，运行人员可根据报警判断检查系统故障。

13.3.15 当供热（冷）管网的循环水泵停止运行时，管道系统应充满水，并应保持静态压力。当设计供水温度高于 100℃时，任何一点的压力都不应小于供热介质的汽化压力加 30 kPa。

【解释说明】当热网循环泵因故停止运行时，应保持必要的静压力，以保证系统不汽化、不倒空，且不超过允许压力，以使管网随时可以恢复正常运行。静压力由定压装置控制，绘制水压图时要确定静压力值、定压方式和定压点位置，运行时要保证定压有效。

13.3.16 供热（冷）管道应采取保温措施。在设计工况下，室外直埋、架空敷设及室内安装的供热管道保温结构外表面计算温度不应高于 50℃；热水供热管网和冷水供冷管网输送干线的计算温降均不应大于 0.1 ℃/km。

13.3.17 供热（冷）管道结构设计应进行承载能力计算，并应进行抗倾覆、抗滑移及抗浮验算。

13.3.18 供热（冷）管道施工前，应核实沿线相关建（构）筑物和地下管线，当受供热管道施工影响时，应制定相应的保护、加固或拆移等专项施工方案，不得影响其他建（构）筑物及地下管线的正常使用功能和结构安全。

【解释说明】为了减少供热（冷）管道工程施工对周边建（构）筑物和地下管线等设施的影响，在管道施工前应对工程影响范围内的障碍物进行现场核查，并应逐项查清障碍物构造情况及与拟建工程的相对位置，需要时采取措施避免沟槽开挖损坏相邻设施。当管道穿越有设施或建（构）筑物时，施工方案应取得相关产权或管理单位的同意。

13.3.19 供热（冷）管道非开挖结构施工时应对邻近的地上、地下建（构）筑物和管线进行沉降监测。

13.3.20 供热（冷）管道安装完成后应进行压力试验和清洗，压力试验所发现的缺陷应待试验压力降至大气压后再处理，处理后应重新进行压力试验。

【解释说明】管道压力试验包括强度试验和严密性试验。强度试验是对管道本身及焊接强度的检验，在试验段管道接口防腐、保温及设备安装前进行；严密性试验是对阀门等管路附件及设备密封性的检验，在试验段管道工程全部安装完成后进行。压力试验时不得带压处理管道和设备的缺陷，以免造成人身事故。

为保证供热（冷）系统运行安全，应在试运行前进行清洗，彻底清除管道内的杂物，避免杂物损坏设备，造成事故。清洗方法可采用人工清洗、水力冲洗。人工清洗可用于管径大于或等于 D800 且水源不足的条件下，水力冲洗可用于任何管径。清洗前应编制包括清洗方法、技术要求、操作及安全措施等内容的清洗方案，并报有关单位审批。

13.3.21 供热（冷）管道输送干线应设置管道标志。管道标志毁损或标记不清时，应及时修复或更新。

13.3.22 对不符合安全使用条件的供热（冷）管道，应及时停止使用，经修复或更新后方可启用。

【解释说明】供热（冷）管道应符合安全使用条件，并及时发现、消除隐患。一方面，建立地下管线巡护和隐患排查制度，及时发现危害管线安全的行为或隐患。另一方面，定期对管道进行安全评价，特别是老旧管道和出现过安全事故的管道，当不符合安全要求时，根据评价结果，进行维修、升级改造或更换。

13.3.23 废弃的供热（冷）管道及构筑物应拆除；不能及时拆除的，应采取安全保护措施，不得对公共安全造成危害。

13.4 水力计算

13.4.1 热（冷）水管网设计流量应按下式计算：

$$G = 3.6\frac{Q}{c(t_1 - t_2)} \tag{13.4.1}$$

式中：G——管网设计流量（t/h）；

Q——设计热（冷）负荷（kW）；

c——水的比热容［kJ/（kg·℃）］；

t_1——管网供水温度（℃）；

t_2——各种热负荷相应的管网回水温度（℃）。

13.4.2 热水管网设计流量应根据供热调节方式，取各种热负荷在不同室外温度下的流量叠加得出的最大流量值作为管网设计流量。

【解释说明】热水管网设计流量应取各种热负荷的热水管网流量叠加得出的最大流量，其计算方法与供热调节方式有关。

（1）采用集中质调节时，供热热负荷热水管网流量在供暖期中保持不变；通风、空调热负荷与供暖热负荷的调节规律相似，热水管网流量在供暖期中变化不大。

（2）采用集中量调节时，供暖、通风、空调热负荷的热水管网流量，随室外温度下降而增加，达到室外计算温度时，热水管网流量最大。

（3）采用集中"质—量"调节时，各种热负荷的热水管网流量都随室外温度的变化而改变，由于调节规律和各种热负荷的比例难以事先确定，故无法预先给出计算方法。

13.4.3 计算冷水管网干线设计流量时，应按各用户的最大流量之和乘以同时使用系数确定。

13.4.4 供热（冷）系统的室外管网应进行水力平衡计算，且应在换热（冷）站和建筑物热力入口处设置水力平衡或流量调节装置。

13.4.5 水力计算应包括下列内容：

（1）计算管网主干线、支干线和各支线的阻力损失；

（2）根据水力计算确定供热（冷）系统的管径及循环水泵的流量和扬程；

（3）分析供热（冷）系统运行的压力工况，确保用户有足够的资用压头且系统不超压、不汽化、不倒空；

（4）进行事故工况分析；

（5）必要时进行动态水力分析。

【解释说明】水力计算分设计计算、校核计算和事故分析计算三类。它是供热（冷）管网设计和已运行管网压力工况分析的重要手段。为保证管道安全、提高供热（冷）可靠性，还应对一些管网进行动态水力分析。

13.4.6 水力计算应满足连续性方程和压力降方程。

【解释说明】流体运动连续性方程为管段和节点的流入流量等于流出流量；流体运动压力降方程为流动速度增加、流体的压降增大，则压力减小，即流体的静压和动压之和始终保持不变。在环网水力计算时，应保证所有环线压力降的代数和为零，各管段和节点的流进流量等于流出流量。

13.4.7 供热（冷）管网应在水力计算的基础上绘制各运行方案的主干线水压图。对于地形复杂的地区，还应绘制必要的支干线水压图。

【解释说明】水压图能够形象、直接地反映供热（冷）管网的压力工况。

13.4.8 热水管网应进行各种事故工况的水力计算，当供热量保证率不满足规范要求时，应加大不利段干线的管径。

13.4.9 分布循环泵式供热（冷）管网应绘制主干线及各支干线水压图；当分期建设时，应按建设分期分别进行水利工况计算分析。

13.4.10 具有下列情况之一的热水管网除进行静态水力分析外，还应进行动态水力分析：

（1）具有长距离输送干线；

（2）供热范围内地形高差大；

（3）系统工作压力高；

（4）系统工作温度高；

（5）系统可靠性要求高。

13.4.11 供热管道内壁当量粗糙度应按下列原则选取：

（1）供热介质为热水，钢管的当量粗糙度可取 0.5 mm，塑料管的当量粗糙度可取 0.03 mm；

（2）当既有供热管道内壁存在腐蚀现象或管道内壁采取减阻措施时，应采用经过测定的当量粗糙度值。

13.4.12 确定热（冷）水管网主干线管径时，应采用经济比摩阻。经济比摩阻数值应根据工程具体条件计算确定，当不具备技术经济比较条件时，可按下列原则确定：

（1）一次管网主干线比摩阻可采用 30～70 Pa/m；

（2）二次管网主干线比摩阻可采用 60～100 Pa/m。

【解释说明】经济比摩阻是综合考虑管网及泵站投资与运行电耗及热损失费用得出的最佳管道设计比摩阻值。它是热（冷）水管网主干线设计的合理依据。经济比摩阻应根据工程具体条件计算确定。为了便于应用，本条给出推荐比摩阻数据。

13.4.13 热（冷）水管网支干线、支线应按允许压力降确定管径，应符合下列要求：

（1）供热（冷）介质流速不应大于 3.5 m/s；

（2）支干线比摩阻不应大于 300 Pa/m；

（3）支线比摩阻不宜大于 400 Pa/m。

13.4.14 管道局部阻力与沿程阻力的比值，可按表 13.4.14 取值。

表 13.4.14 管道局部阻力与沿程阻力比值

管线类型	补偿类型	管道公称直径（mm）	热水管道局部阻力和沿程阻力的比值
输送干线	轴向型补偿器	—	0.2
	组合使用型补偿器	—	0.5
	方形补偿器	—	0.7
	无补偿直埋敷设	—	0.1
输配管线	轴向型补偿器	≤400	0.3
		450～1 200	0.4
	组合使用型补偿器	≤600	0.5
		700～1 200	0.6
	方形补偿器	150～250	0.6
		300～350	0.8
		400～500	0.9
		600～1 200	1.0
	无补偿直埋敷设	—	0.15

13.4.15 一级热网循环泵运行时管网压力应符合下列规定：

（1）供水管道任何一点的压力都不应低于供热介质的汽化压力，并应留有 30～50 kPa 的富裕压力；

（2）系统中任何一点的压力都不应超过设备、管道、附件及直接连接系统的允许压力；

（3）系统中任何一点的压力都不应低于 50 kPa；

（4）分布循环泵的吸入口压力不应低于设计供水温度的饱和蒸汽压力加 50 kPa；

（5）循环水泵吸入侧的压力，不应低于吸入口可能达到最高水温下的饱和蒸汽压力加 50 kPa。

13.4.16 一级热网循环水泵停止运行时，应保持必要的静态压力，静态压力应符合下列规定：

（1）系统中任何一点都不应汽化，当设计供水温度大于或等于 100℃时应有 30～50 kPa 的富裕压力；当设计供水温度小于 100℃时，应有不低于 5 kPa 的富裕压力；

（2）与热水管网直接连接的用户系统应充满水；

（3）不应超过系统中任何一点的允许压力。

13.4.17 二级热网设计应保证循环水泵运行时管网压力符合下列规定：

（1）系统中任何一点的压力都不应超过设备、管道及管件的允许压力；

（2）系统中任何一点的压力都不应低于 10 kPa；

（3）循环水泵吸入口压力不应低于 50 kPa。

【解释说明】二级热网设计应结合建筑内部采暖系统和热源系统的情况统筹考虑，保证系统中任何一点不超压、不汽化、不倒空，还应保证循环水泵吸入口不发生汽蚀。

13.4.18 二级热网设计应保证循环水泵停止运行时管网静态压力符合下列规定：

（1）系统中任何一点的压力都不应超过设备、管道及管件的允许压力；

（2）当设计供水温度不高于 65℃时，系统中任何一点的压力都不应低于 5 kPa。

【解释说明】当系统循环水泵停止运行时，应有维持系统静压的措施。管网的静态压力应保证系统中任何一点不超压、不倒空，以使管网随时可以恢复正常运行。

13.4.19 热（冷）水管网最不利点的资用压头，应满足该点用户系统所需作用压头的要求。

【解释说明】本条规定是为满足供热（冷）介质在末端用户系统内的用热（冷）设备及管路正常循环所必需的压力要求。

13.4.20 热（冷）水管网的定压方式，应根据技术经济比较确定。定压点应设在便于管理并有利于管网压力稳定的位置，宜设在热（冷）源处。当供热系统多热源联网运行时，全系统应仅有一个定压点起作用，但可多点补水。分布循环泵式热水管网定压点宜设在压差控制点处。

【解释说明】目前热（冷）水管网采用补给水泵定压，定压点设在热（冷）源处的比较多。但是，由于各地具体条件不同，定压方式及定压点位置有不同要求，故只提出基本原则。分布循环泵式热水管网定压点可设在压差控制点处，热水庭院管网可在建筑物内设膨胀水箱。

多热源联网运行时，全网水力连通是一个整体，它可以有多个补水点，但只能有一个定压点。

13.4.21 热（冷）水管网的设计压力，不应低于下列各项之和：

（1）各种运行工况的最高工作压力；

（2）地形高差形成的静水压力；

（3）事故工况分析和动态水力分析要求的安全裕量。

【解释说明】热（冷）水管网的设计压力应是保证系统运行安全的压力，故管道的设计压力应大于各种正常运行工况和事故工况可能出现的最大压力，该最大压力与设计管段所处的地形高度及管道的安装高度有关。

热（冷）水管网在某些突发状况（如突然停泵、突然关闭干线主阀等）下由于水流动的惯性会产生巨大的水流冲击，造成管网压力瞬间升高，从而发生水锤破坏。为保证管网的安全，管网的设计压力应考虑动态水力分析要求的安全裕量。

13.5 管网布置与敷设

13.5.1 供热（冷）管网规划宜满足下列要求：

（1）宜结合供热（冷）区域近、远期建设的需要，综合考虑冷热负荷分布、冷热源位置、道路条件等因素，经技术经济比较后确定；

（2）减少供热（冷）管网长度，主管网宜穿越负荷较集中的区域；

（3）宜沿市政道路边缘敷设。

13.5.2 供热（冷）管网布置应满足总体规划和详细规划的要求，并根据能源站位置、冷热负荷分布、其他管线及构筑物、园林绿地、水文、地质条件等因素，经技术经济比较后确定。

13.5.3 供热（冷）管网宜优先结合地下综合管廊敷设，无综合管廊的，宜采用直埋敷设方式。

13.5.4 供热（冷）管网宜采用枝状管网，自冷热源同一方向引出的干线之间宜设连通管线，并应设置分段阀门；经技术经济比较合理的，可采用环状管网。

13.5.5 多能互补地源热泵系统的供热（冷）管网系统形式宜采用分布式二级泵系统或多级泵系统。

【解释说明】当多能互补地源热泵系统各环路的设计水温一致且设计水流阻力相差小于 0.05 MPa 时，二级泵宜集中设置；但多能互补地源热泵系统一般作用半径较大，设计水流阻力相差也较大，因此从节省运行费用以及分期投资建设的角度考虑，建议采用分布式二级泵或多级泵系统。按区域分别设置二级泵或多级泵时，应考虑服务区域的平面布置、系统的压力分布等因素，合理确定二级泵或多级泵的设置位置。

13.5.6 一级供热（冷）管网与用户宜采用间接连接方式；当系统末端用户为同一业主时，可根据系统介质温度、压力等因素采用直接连接方式。

【解释说明】由于多能互补地源热泵系统规模大、存水量多、影响面广，因此从使用安全可靠的角度来看，宜采用间接连接的方式。如果系统比较小，且膨胀水箱位置高于所有管道和末端（或者系统的定压装置可以满足要求），也可以采用直供系统，这样可以减少由换热器带来的温度损失和水泵扬程损失，对节能有一定的好处。当能源站及服务建筑为同一业主使用，管理权限统一时，可不设置单体换热（冷）站，如学校类建筑。

13.5.7 一次管网的设计供水温度、回水温度，应根据工程具体条件，综合多能互补地源热泵系统、管网、换热（冷）站、用户等因素，经技术经济比较后确定。

13.5.8 一次管网和二次管网管道的位置应符合下列规定：

（1）城镇道路上的供热（冷）管道应平行于道路中心线，并宜敷设在车行道以外，同一条管道应只沿街道的一侧敷设；

（2）应敷设在易于检修和维护的位置；

（3）通过非建筑区的供热（冷）管道应沿公路敷设；

（4）管网选线时宜避开土质松软地区、地震断裂带、滑坡危险地带以及高地下水位区等不利地段。

【解释说明】本条提出了一次管网和二次管网选线的具体原则。提出这些原则的出发点是节约用地，降低造价，保证安全，便于维修。

13.5.9 供热（冷）管道可与自来水管道、通信线路、压缩空气管道、压力排水管道一起敷设在综合管廊内。

【解释说明】综合管廊是解决现代化城市地下管线占地多的一种有效办法。本条将重力排水管和燃气管道排除在外，是从重力排水管道对坡度要求严格，不宜与其他管道一起敷设和保证安全等方面考虑的。

13.5.10 地上敷设的供热（冷）管道可与其他管道敷设在同一管架上，但应便于检修，且不得架设在腐蚀性介质管道的下方。

13.5.11 综合管廊内的供热（冷）管道不应与电力电缆同舱敷设，并应满足相关规范的要求。

13.5.12 供热（冷）管道地下敷设时，宜采用直埋敷设。当管道采用直埋敷设时，应符合现行行业标准《城镇供热直埋热水管道技术规程》（CJJ/T 81—

2013）的要求；直埋敷设的管道穿越不允许开挖检修的地段时，应设在套管内。

13.5.13 供热（冷）管道采用管沟敷设时，宜采用不通行管沟敷设，穿越不允许开挖检修的地段时，应采用通行管沟敷设。当采用通行管沟困难时，可采用半通行管沟敷设。

【解释说明】不通行管沟敷设，在施工质量良好和运行管理正常的条件下，可以保证运行安全可靠，同时投资也较小，是地下管沟敷设的推荐形式。通行管沟可在沟内进行管道的检修，是穿越不允许开挖地段的必要的敷设形式。受条件限制，采用通行管沟有困难的，可代之以半通行管沟，但沟中只能进行小型的维修工作。半通行管沟可以准确判定故障地点、故障性质，起到缩小开挖范围的作用。

13.5.14 热力管沟的尺寸应根据道路敷设条件及管道的施工、维护、安全、运行等因素确定，应符合表 13.5.14 的规定。

表 13.5.14　管沟敷设相关尺寸

单位：m

管沟类型	管沟净高	人行通道宽	管道保温表面与沟墙净距	管道保温表面与沟顶净距	管道保温表面与沟底净距	管道保温表面间的净距
通行管沟	≥1.8	≥0.6 注	≥0.2	≥0.2	≥0.2	≥0.2
半通行管沟	≥1.2	≥0.5	≥0.2	≥0.2	≥0.2	≥0.2
不通行管沟	—	—	≥0.1	≥0.05	≥0.15	≥0.2

注：当必须在沟内更换钢管时，人行通道宽度还不应小于管子外径加 0.1 m。

【解释说明】本条规定的尺寸是保证施工和检修操作的最小尺寸，根据需要可加大尺寸。例如，自然补偿管段，管道横向位移大，可以加大管道与沟墙的净距。

13.5.15 综合管廊相关尺寸除应满足表 13.5.14 中通行管沟的规定外，还应预留管道及其排气、排水、补偿器、阀门等附件安装、运行、维护作业所需的空间。

【解释说明】综合管廊为整体预制或现浇的钢筋混凝土结构，其内部空间除满足供热管道及其设备附件安装、维护作业的空间外，还应考虑预留管道及补偿器、阀门等大型设备附件更换运输的通道。

13.5.16　工作人员经常进入的综合管廊或通行管沟应有照明设备和良好的通风。人员在管沟或综合管廊内工作时，管沟或综合管廊内空气温度不得超过 40℃，沟内空气质量合格。

【解释说明】经常有人进入的综合管廊或通行管沟，为便于人们工作，应采用永久性照明设备。为保证必要的工作环境，可采用自然通风或机械通风措施，使沟内温度不超过 40℃。当没有人员在沟内工作时，允许停止通风，温度允许超过 40℃以减少热损失。

13.5.17　综合管廊或通行管沟应设逃生口。安装热水管道的综合管廊或通行管沟的逃生口间距不应大于 400 m。

【解释说明】综合管廊或通行管沟设置事故人孔是为了保证进入人员的安全，沟内全部为热水管道的管沟事故人孔间距不应大于 400 m。

13.5.18　综合管廊或整体混凝土结构的通行管沟，每隔 200 m 宜设一个安装孔。安装孔宽度不应小于 0.6 m，且应大于管沟内最大管道或管道附件的外径加 0.1 m，其长度应满足 6 m 或 12 m 长的管子进入管沟。当需要考虑设备进出时，安装孔宽度还应满足设备进出的需要。

【解释说明】在综合管廊或通行管沟内进行的检修工作包括更换管道，因此安装孔的尺寸应保证所有检修器材的进出。当考虑设备的进出时，安装孔的宽度还应稍大于设备的法兰及波纹管补偿器的外径。

13.5.19　供热（冷）管网管沟的外表面、直埋敷设热（冷）水管道或地上敷设管道的保温结构表面与建筑物、构筑物、道路、铁路、电缆、架空电线和其他管线的最小水平净距、垂直净距应符合附录 H 的规定。

13.5.20　供热（冷）管道跨越水面、峡谷地段时应符合下列规定：

（1）在桥梁主管部门同意的条件下，可在永久性的公路桥上架设；

（2）架空跨越通航河流时，航道的净宽与净高应符合现行国家标准《内河通航标准》（GB 50139—2014）的规定；

（3）架空跨越不通航河流时，管道保温结构表面与 30 年一遇的最高水位的垂直净距不应小于 0.5 m。跨越重要河流时，还应符合河道管理部门的有关规定；

（4）河底敷设供热（冷）管道必须远离浅滩、锚地，并应选择在较深的稳定河段，埋设深度应按不妨碍河道整治和保证管道安全的原则确定。穿越 1～5 级航道河流时，管道（沟）的覆土深度应在航道底设计标高 2 m 以下；管道穿越其他河流时，管道（沟）的覆土深度应在稳定河底 1 m 以下。穿越灌溉渠道的管道（沟）的覆土深度应在渠底设计标高 0.5 m 以下；

（5）河底直埋敷设管道或管沟敷设时，应进行抗浮计算，并采取相应防冲刷措施。

13.5.21 供热（冷）管道同河流、铁路、公路等交叉时应垂直相交。特殊情况下，管道与铁路或地下铁路交叉角度不得小于 60°，管道与河流或公路交叉角度不得小于 45°。

【解释说明】本条规定是为了减少交叉管段的长度，以减少施工和日常维护的困难。当交叉角度为 60° 时，交叉段长约为垂直交叉长度的 1.15 倍；当交叉角度为 45° 时，交叉段长约为垂直交叉长度的 1.41 倍。

13.5.22 地下敷设供热（冷）管道与铁路或不允许开挖的公路交叉时，交叉段的一侧应留有足够的抽管检修地段。

13.5.23 套管敷设时，穿越管道应采用预制保温管；采用钢套管时，套管内、外表面均应进行防腐处理。

13.5.24 地下敷设供热（冷）管道和管沟坡度不宜小于 0.002。进入建筑物的管道宜坡向干管。

【解释说明】地下敷设因考虑管沟排水以及在设计时确定管道充水排气和事故排水点，故建议设置坡度。当管道地上架空敷设时，可以采用无坡度敷设，国内有不少设计实例，运行中未发现不良影响。

13.5.25 地下敷设供热（冷）管线的覆土深度应符合下列规定：

（1）管沟盖板或检查室盖板覆土深度不应小于 0.2 m；

（2）直埋敷设管道的最小覆土深度应符合现行行业标准《城镇供热直埋

热水管道技术规程》（CJJ/T 81—2013）的有关规定执行。

【解释说明】本条第 1 款盖板最小覆土深度 0.2 m，仅考虑满足城镇道路人行步道的地面铺装和检查室井盖高度的要求。当盖板以上地面需要种植草坪、花木时应加大覆土深度。第 2 款直埋敷设管道最小覆土深度规定应按直埋管道技术规程有关规定执行。

13.5.26 当给水、排水管道或电缆交叉穿入供热（冷）管网管沟时，必须加套管或采用厚度不小于 100 mm 的混凝土防护层与管沟隔开，同时不得妨碍供热（冷）管道的检修和管沟的排水，套管伸出管沟外的长度不应小于 1 m。

【解释说明】允许给排水管道及电缆交叉穿入供热（冷）管网管沟，但应采取保护措施。

13.5.27 供热（冷）管网管沟内不得穿过燃气管道。当供热（冷）管网管沟与燃气管道交叉的垂直净距小于 300 mm 时，必须采取可靠措施防止燃气泄漏进管沟。

13.5.28 管沟敷设的供热（冷）管道进入建筑物或穿过构筑物时，管道穿墙处应封堵严密。

【解释说明】室外管沟不得直接与室内管沟或地下室连通，以避免室外管沟内可能聚集的有害气体进入室内。此外，管道穿过构筑物时也应封堵严密，若穿过挡土墙时不封堵严密，管道与挡土墙间的缝隙就会成为排水孔，日久会有泥浆排出。

13.5.29 供热（冷）管道严禁与输送易挥发、易爆、有毒、有腐蚀性介质的管道和输送易燃液体、可燃气体、惰性气体的管道敷设在同一地沟内。

13.6 管道应力和作用力计算

13.6.1 管道应力计算应采用应力分类法。管道由内压、持续外载引起的一次应力验算应采用弹性分析和极限分析；管道由热胀冷缩及其他位移受约束产生的二次应力和管件上的峰值应力应采用满足必要疲劳次数的许用应力范围进行验算。

13.6.2 进行管道应力计算时，供热（冷）介质计算参数应按下列规定取用：

（1）管网供、回水管道的计算压力均应取用循环水泵最高出口压力加上循环水泵与管道最低点地形高差产生的静水压力，工作循环最高温度应取用供热管网设计供水温度；

（2）对于供热管道的工作循环最低温度，对于全年运行的供热管道，地下敷设时宜取 30℃，地上敷设时宜取 15℃；对于只在供暖期运行的供热管道，地下敷设时宜取 10℃，地上敷设时宜取 5℃。

13.6.3 直埋敷设热水管道的许用应力取值、管壁厚度计算、热伸长量计算及应力验算应按现行行业标准《城镇供热直埋热水管道技术规程》（CJJ/T 81—2013）的有关规定执行。

【解释说明】直埋敷设供热管道的应力分析与计算不同于地上敷设和管沟敷设，有其特殊的规律。《城镇供热直埋热水管道技术规程》根据直埋供热管道的特点，采用应力分类法对管道应力分析与计算做了详细的规定，故直埋敷设供热管道的应力计算应按上述标准执行。

13.6.4 计算供热管道对固定点的作用力时，应考虑升温或降温，选择最不利的工况和最大温差进行计算。当管道安装温度低于工作循环最低温度时，应采用安装温度计算。

【解释说明】供热管道对固定点的作用力是承力结构的设计依据，故应按可能出现的最大数值计算，否则将影响安全运行。

13.6.5 管道对固定点的作用力计算应包括下面三部分：

（1）管道热胀冷缩受约束产生的作用力；

（2）内压产生的不平衡力；

（3）活动端位移产生的作用力。

【解释说明】本条为供热管道对固定点作用力的计算规定，管道对固定点的 3 种作用力解释如下：

（1）管道热胀冷缩受约束产生的作用力包括地上敷设、管沟敷设活动支座摩擦力在管道中产生的轴向力；直埋敷设过渡段土壤摩擦力在管道中产生的轴向力、锚固段的轴向力等。

（2）内压产生的不平衡力指固定点两侧管道横截面不对称在内压作用下产生的不平衡力，内压不平衡力按设计压力值计算。

（3）活动端位移产生的作用力包括弯管补偿器、波纹管补偿器、自然补偿管段的弹性力，套筒补偿器的摩擦力和直埋敷设转角管段升温变形的轴向力等。

13.6.6 固定点两侧管段作用力合成时应按下列原则进行：

（1）地上敷设、管沟敷设管道应符合下列规定：

①固定点两侧管段由热胀冷缩受约束引起的作用力和活动端位移产生的作用力的合力相互抵消时，较小方向作用力应乘以 0.7 的抵消系数；

②固定点两侧管段内压不平衡力的抵消系数应取 1.0；

③当固定点承受几个支管的作用力时，应取几个支管不同时升温或降温产生作用力的最不利组合值。

（2）直埋敷设热水管道应按现行行业标准《城镇供热直埋热水管道技术规程》（CJJ/T 81—2013）的有关规定执行。

【解释说明】本条规定了固定点两侧管段作用力合成的原则。

第①项原则是规定地上敷设和管沟敷设管道固定点两侧方向相反的作用力不能简单抵消，因为管道活动支座的摩擦表面状况并不完全一样，存在计算误差，同时管道启动时两侧管道不会同时升温，所以由热胀冷缩受约束引起的作用力和活动端作用力的合力不能完全抵消。计算时应在作用力较小一侧乘以小于 1 的抵消系数，再进行抵消计算。根据大多数设计单位的经验，目前抵消系数取 0.7 较妥。

第②项规定内压不平衡力的抵消系数为 1.0，即完全抵消。因为取 1.0 时计算出的管道横截面和内压值较准确，同时压力在管道中的传递速度非常快，固定点两侧内压作用力同时发生，可以考虑完全抵消。

第③项计算几个支管对固定点的作用力时，支管作用力应按其最不利组合计算。

13.7 管材、管道附件

13.7.1 供热（冷）管道不得与输送易燃、易爆、易挥发，以及有毒、有害、有腐蚀性和惰性介质的管道敷设在同一管沟内。

13.7.2 设备和管道上的安全阀应铅垂安装，其排水管的管径不应小于安全阀排出口的公称直径。排水管应直通室外安全处，且不得装设阀门。

13.7.3 能源站的燃气管道与附件不得使用铸铁材质，燃气阀门应具有耐火性能。

【解释说明】本条规定的目的是保证安全生产。铸铁件属于脆性材料，韧性差、抗拉强度低，在拉应力作用下很快由弹性形变阶段转变为断裂，与铸钢相比强度较差。为保证管道与附件不致因碎裂而发生事故，燃气管道与附件不得使用铸铁件。燃气属于易燃易爆介质，为保证发生事故时仍然可以及时切断燃气供应，防止事故扩大，要求使用的阀门具有耐火性能。

13.7.4 燃气管道不应穿过易燃或易爆品仓库、值班室、配变电室、电缆沟（井）、电梯井、通风沟、风道、烟道和具有腐蚀性环境的场所。

13.7.5 城镇供热（冷）管道应采用无缝钢管、电弧焊或高频焊焊接钢管。

13.7.6 供热（冷）管道的连接应采用焊接，管道与设备、阀门等连接宜采用焊接；当设备、阀门等需要拆卸时，应采用法兰连接；公称直径小于或等于

25 mm 的放气阀，可采用螺纹连接。放气阀与主管连接的管道应采用厚壁管。当选用塑料管时，管道与金属管道、阀门、流量计、压力表等管道配件的连接应采用法兰连接。法兰连接应符合《城镇供热管网工程施工及验收规范》（CJJ 28—2014）的规定。

13.7.7 供热（冷）管道均应采用钢制阀门及附件。

【解释说明】本条规定主要因为钢制阀门的生产应用已非常普及，且供热管道发生泄漏时危险性高，从安全角度考虑，不论何种敷设方式，任何气候条件，都应采用钢制阀门和附件。

13.7.8 阀门的额定压力应按设计工况下的压力、温度等级选用。

【解释说明】阀门的阀体材料、密封面材料与介质的最高温度和最高压力密切相关，而阀门公称压力是指常温状态下的最高许用压力，故阀门的额定压力应按设计工况下的压力、温度选用相应的压力等级。

13.7.9 钢制管件应符合下列要求：

（1）弯头的壁厚不应小于直管壁厚，焊接弯头应采用双面焊接；

（2）焊制三通应对支管开孔进行补强；承受干管轴向荷载较大的直埋敷设管道，应对三通干管进行轴向补强；

（3）异径管的制作应采用压制或钢板卷制，壁厚不应小于管道壁厚。

13.7.10 供热管道的温度变形应充分利用管道的转角管段进行自然补偿。直埋敷设热水管道自然补偿转角管段应布置成 60°～90° 角，当角度很小时应按直线管段考虑，小角度数值应按现行行业标准《城镇供热直埋热水管道技术规程》（CJJ/T 81—2013）的有关规定执行。

【解释说明】本条为热补偿设计的基本原则。直埋敷设热水管道的规定理由详见《城镇供热直埋热水管道技术规程》。

13.7.11 供热（冷）管道选用管道补偿器时，应根据敷设条件，采用维修工作量小、工作可靠的补偿器。补偿器的设计压力应与管道设计压力一致。

【解释说明】采用维修工作量小和价格较低的补偿器是管道建设的合理要求，应力求做到。各种补偿器的尺寸和流体阻力差别很大，选型时应根据敷设条件权衡利弊，尽可能兼顾。

13.7.12 供热管道系统设计时应考虑补偿器安装时的冷紧。

【解释说明】采用弹塑性理论进行补偿器设计时，从疲劳强度方面虽可不考虑冷紧的作用，但为了降低管道初次启动运行时固定支座的推力，避免波纹管补偿器波纹失稳，应在安装时对补偿器进行冷紧。

13.7.13 供热管道采用套筒补偿器时，应计算各种安装温度下的补偿器安装长度，并应保证在管道可能出现的最高、最低温度下，补偿器留有不小于 20 mm 的补偿余量。

13.7.14 管沟或架空敷设的管道采用轴向型补偿器时，管道上应安装防止管道偏心、受扭的导向支座；采用其他形式补偿器，补偿管段过长时，亦应设导向支座。

13.7.15 供热管道采用球形补偿器、铰链型波纹管补偿器和旋转补偿器，且补偿管段较长时，宜采取减小管道摩擦力的措施。

【解释说明】球形补偿器、铰链型波纹管补偿器、旋转补偿器的补偿能力很大，有时补偿管段达 300～500 m，为了降低管道对固定支座的推力，宜采取降低管道与支架摩擦力的措施，如采用滚动支座、降低管道自重等。

13.7.16 当供热管道两条管道上下平行布置，且上面管道的托架固定在下面管道上时，应考虑两管道在最不利运行状态下的不同热位移，保证上面的管道支座不从自托架上滑落。

【解释说明】两条管道上下布置，上面管道支撑在下面管道上，这种敷设方式节省支架投资和占地面积，但上、下管道运行时热位移可能不同步，设计管道支座时应按最不利条件计算上、下管道相对位移，避免发生上面管道支座滑落事故。

13.7.17 直埋敷设热水管道宜采用无补偿敷设方式，并应按现行行业标准《城镇供热直埋热水管道技术规程》（CJJ/T 81—2013）的有关规定执行。

13.7.18 供热（冷）管网分段阀门的设置应符合下列要求：

（1）管网干线、支干线、支线的起点应安装关断阀门；

（2）管网输送干线分段阀门的间距宜为 2 000～3 000 m；输配干线分段阀门的间距宜为 1 000～1 500 m；

（3）供热（冷）管网的管道在进出综合管廊时，应在综合管廊外设置阀门。

13.7.19 供热管网的关断阀和分段阀均应采用双向密封阀门。

【解释说明】供热管网上的关断阀和分段阀在管网检修关断时，压力方向与正常运行时的水流方向可能不同，因此应采用双向密封阀门。

13.7.20 热水管道的高点（包括分段阀门划分的每个管段的高点）应安装放气装置。

【解释说明】放气装置除排放管中空气外，也是保证管道充水、放水的必要装置。只有放气点的数量和管径足够时，才能保证充水、放水在规定的时间内完成。

13.7.21 热水管道的放水装置应符合下列要求：

（1）热水管道（包括分段阀门划分的每个管段）应安装放水装置；

（2）公称直径大于或等于 500 mm 的热水管网的干管在低点、垂直升高管段前、分段阀门前宜设阻力小的永久性除污及放水装置；

（3）管线在向下穿越河流、池塘等设施低点设置除污及放水有困难时，应在穿越两端介质流向上游的管道上设置除污及放水装置；

13.7.22 工作压力大于或等于 1.6 MPa，且公称直径大于或等于 500 mm 的管道上的阀门应安装旁通阀。旁通阀的直径可按主阀门直径的 1/10 选用。

13.7.23 当供热（冷）系统补水能力有限，需控制管道充水流量时，管道阀门应装设口径较小的旁通阀作为控制阀门。

【解释说明】供热（冷）系统用软化除氧水补水，一般受制水能力的限制，补水量不能太大。特别是管道检修后充水时，控制充水流量是必要的。这时可以采用在管道阀门处设较小口径旁通阀的办法，充水时使用小阀，以便于调节流量。

13.7.24 当动态水力分析需延长输送干线分段阀门关闭时间以降低压力瞬变值时，宜采用主阀并联旁通阀的方法解决。旁通阀直径可取主阀直径的 1/4。主阀和旁通阀应按顺序操作，必须在旁通阀处于开启状态时关闭主阀，主阀关闭后旁通阀才可关闭。

13.7.25 由监控系统远程操作的阀门，其旁通阀亦应采用电动驱动装置，并与主阀连锁控制。

【解释说明】为使监控系统更好发挥作用，实现远程操控，监控系统远程操作的阀门，其旁通阀也应采用电动驱动装置，并与主阀连锁控制。

13.7.26 一次热水管网输送干线上宜设置管道泄漏报警系统。

13.7.27 地下敷设管道安装套筒补偿器、波纹管补偿器、阀门、放水和除污装置等设备附件时，应设检查室。检查室应符合下列规定：

（1）净空高度不应小于 1.8 m；

（2）人行通道宽度不应小于 0.6 m；

（3）干管保温结构表面与检查室地面距离不应小于 0.6 m；

（4）检查室的人孔直径不应小于 0.7 m，人孔数量不应少于 2 个，并应对角布置，人孔应避开检查室内的设备；

（5）检查室内至少应设 1 个集水坑，并置于人孔下方；

（6）检查室地面应低于管沟内底不小于 0.3 m；

（7）检查室内爬梯高度大于 4 m 时应设护栏或在爬梯中间设平台。

【解释说明】检查室的尺寸和技术要求是从便于操作、存储部分管沟漏水和保证人员安全角度考虑的。一般情况下，设两个人孔是为了采光、通风和人员安全。干管距离检查室地面 0.6 m 以上是考虑事故情况下，一侧人孔已无法使用，人员可从管下通过，迅速自另一人孔撤离。检查室内爬梯高度大于 4 m 时，使用爬梯的人员脱手可能跌伤，故建议安装护栏或加设平台。

13.7.28 当检查室内需更换的设备、附件不能从人孔进出时，应在检查室顶板上设安装孔或密封型可拆卸盖板。安装孔或盖板的尺寸和位置应保证需更换设备的出入，应便于安装。

【解释说明】本条主要考虑检查室设备更换问题。当检查室采用预制装配盖板时，可将活动盖板作为安装孔来用。

13.7.29 当检查室内装有电动阀门时，应采取措施保证安装地点的空气温度、湿度满足电气装置的技术要求。

【解释说明】阀门电动驱动装置的防护能力一般能满足地下检查室的环境条件，但供电装置的防护能力可能较低，设计时应加以注意。

13.7.30 地下敷设管道只需安装放气阀门的，可不设检查室，只在地面设检查井口，放气阀门的安装位置应便于工作人员操作。

13.7.31 地上敷设管道与地下敷设管道连接处，地面不得积水，连接处的地下构筑物或直埋管道的外护管应高出地面 0.3 m 以上，管道穿入构筑物的孔洞及直埋管道的保温层时应采取防止雨水进入的措施。

13.7.32 地下敷设管道固定支座的承力结构宜采用耐腐蚀材料，或采取可靠的防腐措施。

13.7.33 管道活动支座应采用滑动支座或刚性吊架。当管道敷设于高支架、悬臂支架或通行管沟内时，宜采用滚动支座或使用减摩材料的滑动支座。当管道运行时有垂直位移且对邻近支座的荷载影响较大时，应采用弹簧支座或弹簧吊架。

【解释说明】本条为活动支座及支架设计的原则性要求。

13.7.34 综合管廊内的热水管道的泄水管应引至综合管廊集水坑内，统一集中排放。

13.8 管网配套系统

13.8.1 供热（冷）管网供配电与照明系统的设计，应符合国家现行标准中有关电气设计的规定。

13.8.2 在综合管廊、管沟和地下、半地下检查室内的照明灯具应采用防水、防潮的密封型灯具。

13.8.3 在综合管廊、管沟、检查室等湿度较高的场所，灯具安装高度低于 2.2 m 时，应采用 24 V 及以下的安全电压。

13.8.4 直埋沟槽回填土密实度应符合设计要求，且不应小于 87%；若直埋管道位于道路下，则应符合道路对回填的要求。

14. 消防、噪声和环保

14.1 消防

14.1.1 多能互补地源热泵系统工程的消防设计，应符合现行国家标准《建筑设计防火规范》（GB 50016—2014）的有关规定。

【解释说明】多能互补地源热泵系统的消防给水和灭火设施，应按现行国家标准《建筑设计防火规范》的有关规定执行。多能互补地源热泵系统工程燃气锅炉间为丁类厂房，燃气增压间、调压间为甲类厂房。

14.1.2 多能互补地源热泵系统能源站、换热（冷）站内应设置消火栓，并配置固定式灭火器，消火栓的设置应符合现行国家标准《消防给水及消火栓系统技术规范》（GB 50974—2014）的有关规定；灭火器的配置应符合现行国家标准《建筑灭火器配置设计规范》（GB 50140—2005）的有关规定。

14.1.3 多能互补地源热泵系统能源站、换热（冷）站中的防排烟应满足《建筑防烟排烟系统技术标准》（GB 51251—2017）的相关规定。

14.1.4 多能互补地源热泵系统工程应设置火灾自动报警系统，并应符合现行国家标准《火灾自动报警系统设计规范》（GB 50116—2013）的有关规定。

14.1.5 建筑物内的能源站房火灾自动报警系统、自动灭火系统应接入所在建筑物的消防控制室。

【解释说明】通过火灾报警控制器的部位指示，消防控制室工作人员可查明发出火灾报警信号的探测器部位，及时采取相关消防措施或启动事故预案。

14.1.6 当多能互补地源热泵系统工程发生火灾时，应具有切断燃气供应的措施。

152

14.1.7 站房内有燃气设备和管路附件的场所，应设置可燃气体探测报警装置，并应符合现行行业标准《城镇燃气报警控制系统技术规程》（CJJ/T 146—2011）的有关规定，同时应符合下列规定：

（1）当可燃气体浓度达到爆炸下限的 25%时，必须报警，并联动启动事故排风机；

（2）当可燃气体浓度达到爆炸下限的 50%时，必须连锁关闭燃气紧急自动切断阀；

（3）自动报警应包括就地和主控制器处的声光提示。

14.1.8 多能互补地源热泵系统工程智慧监控中心或消防控制室应有显示燃气浓度检测报警器工作状态的装置，并应能自动和在控制室远程关闭燃气紧急切断阀。

【解释说明】消防控制室是整个消防控制系统的监测、控制中心，需监测各种消防设备的工作状态，保持系统的正常运行，因此及时了解燃气浓度检测报警器的工作状态是十分必要的。

14.1.9 下列设备和系统应设置备用电源：

（1）火灾自动检测、报警及联动控制系统；

（2）燃气浓度检测、报警及自动连锁系统。

【解释说明】备用电源为当正常电源被切断时，用来维持电气装置或其某些部分所需的电源。

14.1.10 多能互补地源热泵系统能源站房应设置应急照明、疏散标志和火灾报警电话。

14.2 噪声

14.2.1 多能互补地源热泵系统工程应从项目选址、总平面布置、设备选型、降噪措施等方面控制噪声。

【解释说明】多能互补地源热泵系统工程的选址首先要尽量避免靠近噪声敏感功能区。噪声控制可采取控制噪声源、阻断噪声传播等综合治理措施，如选择低噪声设备，对高噪声设备使用隔声罩、消声器，采用吸声建筑材料和隔声窗等。

14.2.2 多能互补地源热泵系统工程总平面布置应结合地形及厂址周围环境敏感点的分布情况，合理规划布局，并应利用建筑（构）物、绿化物等减弱噪声的影响。主要噪声源应根据与相邻建筑物的相对位置，合理布置。对造成厂界外环境敏感点噪声污染的厂界可设置隔声墙或采取其他措施。

【解释说明】多能互补地源热泵系统工程的主要噪声源包括通风口、泄爆口、冷却设备等，总平面布置应合理规划布局，减少生产噪声对周围环境的影响。建筑（构）物、绿化物等对减弱噪声有一定作用，当环境敏感点噪声不能达标时，可设置隔声墙或采取其他措施。

14.2.3 多能互补地源热泵系统工程厂界环境噪声排放限值应符合现行国家标准《工业企业厂界环境噪声排放标准》（GB 12348—2008）的有关规定。

14.2.4 多能互补地源热泵系统能源站的噪声控制，应符合现行国家标准《声环境质量标准》（GB 3096—2008）的有关规定。

14.2.5 多能互补地源热泵系统能源站内工作场所噪声设计限值，应符合现行国家标准《工业企业噪声控制设计规范》（GB/T 50087—2013）的规定；设备操作地点的噪声不应大于 85 dB（A），控制室和化验室的噪声不应大于 60 dB（A）。

14.2.6 多能互补地源热泵系统工程设备选型时应采用符合国家噪声标准规定的设备，并应优先采用低噪声设备。从声源上无法根治的设施、设备，应采用消声、隔振、隔声、吸声等噪声控制措施。多能互补地源热泵系统工程噪声值应符合现行国家标准《声环境质量标准》（GB 3096—2008）和《工业企业厂界环境噪声排放标准》（GB 12348—2008）的有关规定。

【解释说明】多能互补地源热泵系统工程噪声防治应从声源上进行控制，建议在技术经济分析的基础上，尽量选择高效、低噪声、低排放、低振动、低维护的原动机。噪声控制措施可采用隔声罩、消声器等，必要时设置吸声墙面及隔声门窗。

14.2.7 非独立能源站的墙、楼板、隔声门窗的隔声量，不应小于 35 dB（A）。

14.2.8 多能互补地源热泵系统能源站的隔声应符合下列要求：

（1）机房与使用房间相邻时，其隔墙应采用重质墙体，楼板和顶板不宜采用钢结构；

（2）穿越机房围护结构的所有管道（含墙面、顶板、地面的管道）与预留套管之间的缝隙应采用防火隔声材料密实堵严；

（3）机房门应采用防火隔声门；

（4）运行噪声大于或等于 100 dB（A）的设备，应做隔声装置。

14.2.9 多能互补地源热泵系统所选用的水泵，其噪声级根据水泵的安装位置确定，并宜符合表 14.2.9 的要求。

表 14.2.9 水泵噪声级别选择

水泵安装场所	水泵噪声允许级别		水泵电机功率限值（kW）
不贴邻使用房间	A		功率不限
	B	n＝1 450 r/min	250
		n＝2 900 r/min	160
	C	n＝1 450 r/min	110
		n＝2 900 r/min	55
贴邻使用房间	A	n＝1 450 r/min	132
		n＝2 900 r/min	90
	B	n＝1 450 r/min	55
		n＝2 900 r/min	22

水泵安装场所	水泵噪声允许级别		水泵电机功率限值（kW）
贴邻使用房间	C	n＝1 450 r/min	22
		n＝2 900 r/min	5.5
独立冷热源站房	功率和级别不限		

【解释说明】根据《泵的噪声测量与评价方法》（GB/T 29529—2013），目前我国的水泵噪声共分为 A、B、C、D 四个级别，其中 D 级为不合格级，不应采用。

14.2.10 夜间频发噪声的最大声级超过限值的幅度不得高于 10 dB（A）。夜间偶发噪声的最大声级超过限值的幅度不得高于 15 dB（A）。

14.2.11 多能互补地源热泵系统工程非噪声工作地点的噪声声级应符合表 14.2.11 规定的限值。

表 14.2.11　多能互补地源热泵系统工程非噪声工作地点的噪声声级限值

地点名称	噪声声级限值[dB（A）]
值班室	75
办公室	60
控制室	70

14.3 环保

14.3.1 对于大规模集中布置地埋管换热器、单一取热/排热的地埋管地源热泵系统，应对地温场进行长期监测，并观察植被变化。

【解释说明】对多能互补地源热泵系统进行长期监测，是实现优化运行的前提和保证，通过监测可以掌握地热能换热系统换热能力、热泵机组性能、输配系统性能和末端用户用能强度等的变化规律，有效提高多能互补地源热泵系统的能效比，并保护植被生长环境。

14.3.2 严格执行项目所在地饮用水水源地、禁采区、限采区及承压含水层相关要求。

14.3.3 制冷系统应采用环保冷媒，热泵机组的制冷剂应符合有关环保要求，采用制冷剂的年限不得超过国家禁用时间表的规定。

14.3.4 多能互补地源热泵系统能源站大气污染物排放，应符合现行国家标准《锅炉大气污染物排放标准》（GB 13271—2014）、《大气污染物综合排放标准》（GB 16297—1996）的有关规定，并应满足项目环评的要求。

14.3.5 锅炉等燃烧设备应采用低氮燃烧技术。当低氮燃烧技术仍达不到要求时，应采用烟气脱硝技术。

14.3.6 锅炉等燃烧设备的烟气脱硝工艺选择，应根据下列因素并经技术经济比较后确定：

（1）锅炉等燃烧设备在额定热功率下的出口氮氧化物初始排放浓度；

（2）烟囱监测处 NOx 排放限值及排放总量的要求；

（3）燃料种类及成分；

（4）烟尘性质；

（5）供热负荷的稳定性；

（6）反应剂资源情况；

（7）脱硝副产品利用条件；

（8）脱硝工艺成熟程度等。

14.3.7 多能互补地源热泵系统烟气排放系统中采样孔、监测孔设置，应符合国家现行标准《锅炉大气污染物排放标准》的有关规定，并应设置工作平台。

14.3.8 多能互补地源热泵系统的废水排放，应符合现行国家标准《污水综合排放标准》（GB 8978—1996）和《地表水环境质量标准》（GB 3838—2002）的有关规定，并应符合受纳水体的接纳要求，做到达标排放。

14.3.9 多能互补地源热泵系统排放的各类废水，应按水质和水量分类处理，合理回收，重复利用。

（1）设备排污水，宜回收利用或降温至 40℃以下排放；软化或除盐水处理酸、碱废水，应经过中和处理达标后排放；

（2）对于燃气锅炉烟气冷凝水，应处理后回收利用或达标排放。

14.3.10 软化水处理系统固体废弃物，应按危险废弃物分类要求处理。

14.3.11 脱硝催化剂失效后，应按危险废弃物分类要求处理。

14.3.12 独立多能互补地源热泵能源站的厂区应绿化，绿地率应满足环境规划要求。

14.3.13 独立多能互补地源热泵能源站的厂区内宜设置雨水间接利用系统，室外雨水部分通过透水砖渗透。

14.3.14 带燃烧系统的吸收式冷（温）水机组以及锅炉的大气污染物排放值，应符合现行国家标准《锅炉大气污染物排放标准》（GB 13271—2014）的有关规定。

14.3.15 多能互补地源热泵系统工程的振动设备应设置隔振基础。

【解释说明】多能互补地源热泵系统工程的主要振动设备有制冷机组、水泵、冷却塔等，需要设置隔振基础以减少运行时对周围环境的影响，其基础应与能源站基础脱开，并且在地坪与基础接缝处应填砂和浇灌沥青，以减少对能源站的振动影响。

14.3.16 多能互补地源热泵系统工程管道与振动设备连接处应采取隔振措施。

【解释说明】管道是传播设备振动的途径之一，需要采取适当的隔振措施。通常在管道与原动机、水泵、风机、压缩机等设备连接处设置弹性接头。若安装弹性接头仍不能满足要求，还可设置弹性支吊架。

14.3.17 多能互补地源热泵系统工程周围环境振动应符合现行国家标准《城市区域环境振动标准》（GB 10070—88）的有关规定。

【解释说明】按照国家标准《城市区域环境振动标准》的规定，城市各类区域铅垂向 Z 振级标准值见表 14.3.17。

表 14.3.17 城市各类区域铅垂向 Z 振级标准值

适用地带范围	Z 振级标准值（dB）	
	昼间	夜间
特殊住宅区	65	65
居民、文教区	70	67
混合区、商业中心区	75	72
工业集中区	75	72
交通干线道路两侧	75	72
铁路干线两侧	80	80

14.3.18 多能互补地源热泵系统工程所有废水、废油、烟气、噪声等排放，均应符合项目的环境影响评价的要求。

15. 节能与减碳指标

15.1 节能指标

15.1.1 多能互补地源热泵系统设计，应包含系统节能、减碳计算。

15.1.2 地源热泵系统的评价指标及其要求应符合下列规定：

（1）地源热泵系统制冷能效比、制热性能系数应符合表 15.1.2 的规定。

表 15.1.2　地源热泵系统制冷能效比、制热性能系数限值

项目	系统制冷能效比 EER	系统制热性能系数 COP
限值	＞3.0	≥2.6

（2）多能互补地源热泵系统设计应进行常规能源替代量、二氧化碳减排量、二氧化硫减排量、粉尘减排量计算。

【解释说明】本条规定了地源热泵系统的单项评价指标。

地源热泵系统制冷能效比、制热性能系数，是反映系统节能效果的重要指标，能效比过低，系统可能还不如常规能源系统节能，因此十分有必要对其做出规定。

15.1.3 在名义工况和规定条件下，燃气锅炉的设计热效率不应低于 92%。

【解释说明】提高制冷、制热设备的效率是降低建筑供暖、空调能耗的主要途径之一，必须对设备的效率提出设计要求。本条规定的热效率水平与国家标准《工业锅炉能效限定值及能效等级》（GB 24500—2020）规定的能效限定值相当，选用设备时必须满足。

15.1.4 采用电机驱动的蒸汽压缩循环冷水（热泵）机组时，其在名义制冷

工况和规定条件下的性能系数应符合下列规定：

（1）定频水冷机组及风冷或蒸发冷却机组的性能系数不应低于表 15.1.4-1 中的数值；

（2）变频水冷机组及风冷或蒸发冷却机组的性能系数不应低于表 15.1.4-2 中的数值。

表 15.1.4-1 名义制冷工况和规定条件下定频冷水（热泵）机组的
制冷性能系数

类型		名义制冷量 CC（kW）	性能系数 COP（W/W）					
			严寒 A、B 区	严寒 C 区	温和地区	寒冷地区	夏热冬冷地区	夏热冬暖地区
水冷	活塞式/涡旋式	CC≤528	4.30	4.30	4.30	5.30	5.30	5.30
	螺杆式	CC≤528	4.80	4.90	4.90	5.30	5.30	5.30
		528＜CC≤1 163	5.20	5.20	5.20	5.60	5.60	5.60
		CC＞1 163	5.40	5.50	5.60	5.80	5.80	5.80
	离心式	CC≤1 163	5.50	5.60	5.60	5.70	5.80	5.80
		1 163＜CC≤2 110	5.90	5.90	5.90	6.00	6.10	6.10
		CC＞2 110	6.00	6.10	6.10	6.20	6.30	6.30
风冷或蒸发冷却	活塞式/涡旋式	CC≤50	2.80	2.80	2.80	3.00	3.00	3.00
		CC＞50	3.00	3.00	3.00	3.00	3.20	3.20
	螺杆式	CC≤50	2.90	2.90	2.90	3.00	3.00	3.00
		CC＞50	2.90	2.90	3.00	3.00	3.20	3.20

表 15.1.4-2　名义制冷工况和规定条件下变频冷水（热泵）机组的
制冷性能系数

类型		名义制冷量 CC（kW）	性能系数 COP（W/W）					
			严寒A、B区	严寒C区	温和地区	寒冷地区	夏热冬冷地区	夏热冬暖地区
水冷	活塞式/涡旋式	CC≤528	4.20	4.20	4.20	4.20	4.20	4.20
	螺杆式	CC≤528	4.37	4.47	4.47	4.47	4.56	4.66
		528＜CC≤1 163	4.75	4.75	4.75	4.85	4.94	5.04
		CC＞1 163	5.20	5.20	5.20	5.23	5.32	5.32
	离心式	CC≤1163	4.70	4.70	4.74	4.84	4.93	5.02
		1 163＜CC≤2 110	5.20	5.20	5.20	5.20	5.21	5.30
		CC＞2 110	5.30	5.30	5.30	5.39	5.49	5.49
风冷或蒸发冷却	活塞式/涡旋式	CC≤50	2.50	2.50	2.50	2.50	2.51	2.60
		CC＞50	2.70	2.70	2.70	2.70	2.70	2.70
	螺杆式	CC≤50	2.51	2.51	2.51	2.60	2.70	2.70
		CC＞50	2.70	2.70	2.70	2.79	2.79	2.79

15.1.5 当采用电机驱动的蒸汽压缩循环冷水（热泵）机组时，综合部分负荷性能系数应符合下列规定：

（1）综合部分负荷性能系数计算方法应符合本指南第 9.2.3 条的规定；

（2）定频水冷机组及风冷或蒸发冷却机组的综合部分负荷性能系数不应低于表 15.1.5-1 中的数值；

（3）变频水冷机组及风冷或蒸发冷却机组的综合部分负荷性能系数不应低于表 15.1.5-2 中的数值。

表 15.1.5-1　定频冷水（热泵）机组综合部分负荷性能系数

类型		名义制冷量 CC（kW）	综合部分负荷性能系数 IPLV					
			严寒 A、B 区	严寒C 区	温和地区	寒冷地区	夏热冬冷地区	夏热冬暖地区
水冷	活塞式/涡旋式	CC≤528	5.00	5.00	5.00	5.00	5.05	5.25
	螺杆式	CC≤528	5.35	5.45	5.45	5.45	5.55	5.65
		528＜CC≤1 163	5.75	5.75	5.75	5.85	5.90	6.00
		CC＞1163	5.85	5.95	6.10	6.20	6.30	6.30
	离心式	CC≤1163	5.50	5.50	5.55	5.60	5.90	5.90
		1163＜CC≤2 110	5.50	5.50	5.55	5.60	5.90	5.90
		CC＞2 110	5.95	5.95	5.95	6.10	6.20	6.20
风冷或蒸发冷却	活塞式/涡旋式	CC≤50	3.10	3.10	3.10	3.20	3.20	3.20
		CC＞50	3.35	3.35	3.35	3.40	3.45	3.45
	螺杆式	CC≤50	2.90	2.90	2.90	3.10	3.20	3.20
		CC＞50	3.10	3.10	3.10	3.20	3.30	3.30

表 15.1.5-2　变频冷水（热泵）机组综合部分负荷性能系数

类型		名义制冷量 CC（kW）	综合部分负荷性能系数 IPLV					
			严寒 A、B 区	严寒C 区	温和地区	寒冷地区	夏热冬冷地区	夏热冬暖地区
水冷	活塞式/涡旋式	CC≤528	5.64	5.64	5.64	6.30	6.30	6.30
	螺杆式	CC≤528	6.15	6.27	6.27	6.30	6.38	6.50
		528＜CC≤1 163	6.61	6.61	6.61	6.73	7.00	7.00
		CC＞1 163	6.73	6.84	7.02	7.13	7.60	7.60
	离心式	CC≤1 163	6.70	6.70	6.83	6.96	7.09	7.22
		1163＜CC≤2 110	7.02	7.15	7.22	7.28	7.60	7.61

类型		名义制冷量 CC (kW)	综合部分负荷性能系数 IPLV					
			严寒 A、B 区	严寒 C 区	温和地区	寒冷地区	夏热冬冷地区	夏热冬暖地区
水冷	离心式	CC＞2 110	7.74	7.74	7.74	7.93	8.06	8.06
风冷或蒸发冷却	活塞式/涡旋式	CC≤50	3.50	3.50	3.50	3.60	3.60	3.60
		CC＞50	3.60	3.60	3.60	3.70	3.70	3.70
	螺杆式	CC≤50	3.50	3.50	3.50	3.60	3.60	3.60
		CC＞50	3.60	3.60	3.60	3.70	3.70	3.70

15.1.6 给水泵设计选型时其效率不应低于现行国家标准《清水离心泵能效限定值及节能评价值》（GB 19762—2007）规定的节能评价值。

【解释说明】本条规定了输配系统中用能设备的节能设计要求。水泵是暖通空调输配系统中最主要的耗能设备，规定水泵的能效水平对于整个输配系统能效的提高非常重要。

15.1.7 空调冷热水系统中，按照系统阻力计算选择水泵参数后，应对水系统的耗电输冷（热）比 $EC（H）R-a$ 进行验算。当 $EC（H）R-a$ 不满足相关节能标准的规定时，应对整个水系统的管径选择、末端和主机水阻力限值以及阀门等附件的设置进行调整，直至合格。空调冷热水系统的 $EC（H）R-a$ 值，应符合式 15.1.7 的要求。

$$EC(H)R\text{-}a = 0.003096\sum(G \cdot H / \eta_b)/\sum Q \leqslant \left[A\left(B+\alpha\sum L\right)\right]/\Delta T$$

$$（15.1.7）$$

式中：$EC（H）R-a$——循环水泵的耗电输冷（热）比；

G——每台运行水泵的设计流量（m³/h）；

H——每台运行水泵对应的设计扬程（m）；

η_b——每台运行水泵对应设计工作点的效率；

Q——设计冷（热）负荷（kW）；

ΔT——规定的计算供回水温差（℃），见表 15.1.7-1；

A——与水泵流量有关的计算系数，见表 15.1.7-2；

B——与机房及用户的水阻力有关的计算系数，见表 15.1.7-3；

α——与 ΣL 有关的计算系数，见表 15.1.7-4 或表 15.1.7-5；

ΣL——从冷热机房至该系统最远用户的供回水管道的总输送长度（m）；当管道设于大面积单层或多层建筑时，可按机房出口至最远端空调末端的管道长度减去 100 m 确定。

表 15.1.7-1 ΔT 值

冷水系统	热水系统			
	严寒地区	寒冷地区	夏热冬冷地区	夏热冬暖地区
5℃	15℃	15℃	10℃	5℃

注：①对空气源热泵、溴化锂机组、水源热泵等机组的热水供回水温差按机组实际参数确定。

②对直接提供高温冷水的机组，冷水供回水温差按机组实际参数确定。

表 15.1.7-2 A 值

设计水泵流量 G	G≤60 m³/h	60 m³/h<G≤200 m³/h	G>200 m³/h
A 值	0.004225	0.003858	0.003749

注：多台水泵并联运行时，流量按较大流量选取。

表 15.1.7-3 B 值

系统组成		四管制单冷、单热管道	二管制热水管道
一级泵	冷水系统	28	—
	热水系统	22	21
二级泵	冷水系统①	33	—
	热水系统②	27	25

注：①多级泵冷水系统，每增加一级泵，B 值可增加 5。

②多级泵热水系统，每增加一级泵，B 值可增加 4。

表 15.1.7-4　四管制冷、热水管道系统的 α 值

系统	管道长度 ΣL 范围（m）		
	$\Sigma L \leqslant 400$	$400 < \Sigma L < 1\,000$	$\Sigma L \geqslant 1\,000$
冷水	$\alpha=0.02$	$\alpha=0.16+1.6/\Sigma L$	$\alpha=0.013+4.6/\Sigma L$
热水	$\alpha=0.14$	$\alpha=0.0125+0.6/\Sigma L$	$\alpha=0.009+4.1/\Sigma L$

表 15.1.7-5　两管制热水管道系统的 α 值

系统	气候区	管道长度 ΣL 范围（m）		
		$\Sigma L \leqslant 400$	$400 < \Sigma L < 1\,000$	$\Sigma L \geqslant 1\,000$
热水	严寒地区	$\alpha=0.009$	$\alpha=0.0072+0.72/\Sigma L$	$\alpha=0.0059+2.02/\Sigma L$
	寒冷地区	$\alpha=0.0024$	$\alpha=0.002+0.16/\Sigma L$	$\alpha=0.0016+0.56/\Sigma L$
	夏热冬冷地区			
	夏热冬暖地区	$\alpha=0.0032$	$\alpha=0.0026+0.24/\Sigma L$	$\alpha=0.0021+0.74/\Sigma L$

注：两管制冷水系统 α 计算式与表 15.1.7-4 四管制冷水系统相同。

15.1.8 集中供暖热水系统中，按照系统阻力计算选择水泵参数后，应对热水系统的耗电输热比 *EHR-h* 进行验算。当 *EHR-h* 不满足相关节能标准的规定时，应对整个水系统的管径选择、末端和主机水阻力限值以及阀门等附件的设置进行调整，直至合格为止。供暖热水系统的 *EHR-h* 值，应符合式 15.1.8 的要求。

$$EHR\text{-}h = 0.003096 \sum (G \cdot H / \eta_{\mathrm{b}}) / Q \leqslant \left[A\left(B + \alpha \sum L\right) \right] / \Delta T$$

（15.1.8）

式中：*EHR-h*——集中供热系统耗电输热比；

G——每台运行水泵的设计流量（m³/h）；

H——每台运行水泵对应的设计扬程（m）；

η_{b}——每台运行水泵对应设计工作点的效率；

Q——设计热负荷（kW）；

ΔT——设计供回水温差（℃）；

A——与水泵流量有关的计算系数；

B——与机房及用户的水阻力有关的计算系数；

ΣL——换热（冷）站至供暖末端（散热器或辐射供暖分集水器）供回水管道的总长度（m）；

α——与 ΣL 有关的计算系数。

【解释说明】本条来自《公共建筑节能设计标准》（GB 50189—2015）。目前所规定的各项计算参数的要求和限值为：

（1）A 值，见表 15.1.7-2。

（2）B 值，一级泵系统时 B 取 17，二级泵系统时 B 取 21。

（3）α 取值：

①当 $\Sigma L \leqslant 400$ m 时，$\alpha = 0.0115$；

②当 400 m $< \Sigma L < 1\,000$ m 时，$\alpha = 0.003833 + 3.067/\Sigma L$；

③当 $\Sigma L \geqslant 1\,000$ m 时，$\alpha = 0.0069$。

15.1.9 当选配蓄冰系统的载冷剂循环泵时，应计算载冷剂循环泵耗电输冷比（ECR），并标注在施工图设计说明中。蓄冰系统的载冷剂循环泵耗电输冷比应按下式计算：

$$ECR = \frac{N}{Q} = 11.136 \times \sum \left[m \times H / (\eta_b \times Q) \right] \leqslant A \times B / (C_p \times \Delta T)$$

（15.1.9-1）

式中：ECR——载冷剂循环泵的耗电输冷比；

N——载冷剂循环泵耗电功率（kW）；

Q——单位时间载冷剂循环泵输送冷量（kW）；

m——单位时间每台载冷剂循环泵流量（kg/s）；

H——每台载冷剂循环泵对应的设计扬程（mH₂O）；

η_b——每台载冷剂循环泵对应的设计工作点效率；

C_p——载冷剂的比热[J/（kg·K）]，根据载冷剂浓度按本指南附录 D 确定；

ΔT——规定的载冷剂计算供回液温差（℃），当载冷剂循环泵按蓄冷工况选型时，取 3.4；当载冷剂循环泵按释冷工况选型且系统形式为串联时，取 8；当载冷剂循环泵按释冷工况选型且系统形式为并联时，取 5；

A——与水泵流量有关的计算系数，按表 15.1.9-1 选取；

B——与机房载冷剂管路、冷水机组阻力、蓄冷设备阻力以及板式换热器阻力等有关的计算系数，根据系统流程以及各个阻力部件限值计算。计算过程中，各阻力部件限值按表 15.1.9-2 选取。

表 15.1.9-1 A 值

设计载冷剂循环泵流量 G	G≤60 m³/h	60 m³/h＜G≤200 m³/h	G＞200 m³/h
A 值	18.037	16.469	16.005

表 15.1.9-2 B 值

蓄冷形式		机房内管道阻力、冷水机组阻力、水过滤器以及阀门阻力（mH₂O）	板式换热器（mH₂O）	蓄冷装置（mH₂O）
冰片滑落式系统		20	10	5
外融冰系统	塑料盘管	20	10	8
	复合盘管	20	10	9
	钢盘管	20	10	12
内融冰系统	塑料盘管	20	10	7
	复合盘管	20	10	8
	钢盘管	20	10	10
封装冰系统		20	10	5
冰晶式系统		17	8	5

15.2 减碳指标

15.2.1 常规能源替代量应按下列规定进行评价：

（1）地源热泵系统的常规能源替代量 Q 应按下式计算：

$$Q_s = Q_t - Q_r \qquad （15.2.1-1）$$

式中：Q_s——常规能源替代量（kgce）；

Q_t——传统系统的总能耗（kgce）；

Q_r——地源热泵系统的总能耗（kgce）。

（2）对于采暖系统，传统系统的总能耗 Q_t 应按下式计算：

$$Q_t = \frac{Q_H}{\eta_t q} \qquad （15.2.1-2）$$

式中：Q_t——传统系统的总能耗（kgce）；

q——标准煤热值（M/kgce），本指南中 q＝29.307 MJ/kgce；

Q_H——长期测试时为系统记录的总制热量，短期测试时根据测试期间系统的实测制热量和室外气象参数采用度日法计算供暖季累计热负荷（MJ）；

η_t——以传统能源为热源时的运行效率，按项目立项文件选取，当无文件规定时，根据项目适用的常规能源，其效率应按本指南表 15.2.1-1 确定。

表 15.2.1-1　常规制冷空调系统能效比 EER

常规能源类型	热水系统	采暖系统	热力制冷空调系统
电	0.31[注]	—	—
煤	—	0.70	0.70
天然气	0.84	0.80	0.80

注：综合考虑火电系统的煤的发电效率和电热水器的加热效率。

（3）对于空调系统，传统系统的总能耗 Q_t 应按下式计算：

$$Q_t = \frac{DQ_c}{3.6EER_t} \qquad (15.2.1-3)$$

式中：Q_t——传统系统的总能耗（kgce）；

Q_c——长期测试时为系统记录的总制冷量，短期测试时，根据测试期间系统的实测制冷量和室外气象参数，采用温频法计算供冷季累计冷负荷（MJ）；

D——每度电折合所耗标准煤量（kgce/kWh）；

EER_t——传统制冷空调方式的系统能效比，按项目立项文件确定，当无文件明确规定时，以常规水冷冷水机组为比较对象，其系统能效比按表 15.2.1-2 确定。

表 15.2.1-2　常规制冷空调系统能效比 EER

机组容量（kW）	系统能效比 EER
＜528	2.3
528～1 163	2.6
＞1 163	2.8

（4）整个供暖季（制冷季）地源热泵系统的年耗能量应根据实测的系统能效比和建筑全年累计冷热负荷按下列公式计算：

$$Q_{rc} = \frac{DQ_c}{3.6EER_{sys}} \qquad (15.2.1-4)$$

$$Q_{rh} = \frac{DQ_H}{3.6COP_{sys}} \qquad (15.2.1-5)$$

式中：Q_{rc}——地源热泵系统年制冷总能耗（kgce）；

Q_{rh}——地源热泵系统年制热总能耗（kgce）；

D——每度电折合所耗标准煤量（kgce/kWh）；

Q_H——建筑全年累计热负荷（MJ）；

Q_c——建筑全年累计冷负荷（MJ）；

EER_{sys}——热泵系统的制冷能效比；

COP_{sys}——热泵系统的制热性能系数。

（5）当地源热泵系统既用于冬季供暖又用于夏季制冷时，常规能源替代量应为冬季和夏季替代量之和。

15.2.2 环境效益应按下列规定进行评价：

（1）地源热泵系统的二氧化碳减排量式中的Q_{co_2}应按下式计算：

$$Q_{co_2} = Q_s \times V_{co_2} \qquad (15.2.2\text{-}1)$$

式中：Q_{co_2}——二氧化碳减排量（kg/年）；

Q_s——常规能源替代量（kgce）；

V_{co_2}——标准煤的二氧化碳排放因子，本指南取$V_{co_2}=2.47$。

（2）地源热泵系统的二氧化硫减排量式中的Q_{so_2}应按下式计算：

$$Q_{so_2} = Q_s \times V_{so_2} \qquad (15.2.2\text{-}2)$$

式中：Q_{so_2}——二氧化硫减排量（kg/年）；

Q_s——常规能源替代量（kgce）；

V_{so_2}——标准煤的二氧化硫排放因子，本指南取$V_{so_2}=0.02$。

参 考 文 献

[1] 陈耀宗，姜文源，胡鹤钧，等.建筑给水排水设计手册[M].北京：中国建筑工业出版社，2008.

[2] 冯晓梅，徐伟，张瑞雪，等.《区域供冷供热系统技术规程》编制思路及要点解析[J].暖通空调，2020，50（8）：16-21.

[3] 国家标准化管理委员会.工业锅炉能效限定值及能效等级：GB 24500—2020[S].北京：中国标准出版社，2020.

[4] 国家环境保护总局科技标准司.地表水环境质量标准：GB 3838—2002[S].北京：中国环境科学出版社，2002.

[5] 国家人民防空办公室.地下工程防水技术规范：GB 50108—2008[S].北京：中国计划出版社，2009.

[6] 国家环境保护局.城市区域环境振动标准：GB 10070—88[S].北京：中国标准出版社，1989.

[7] 环境保护部科技标准司.工业企业厂界环境噪声排放标准：GB 12348—2008[S].北京：中国环境科学出版社，2008.

[8] 环境保护部科技标准司.声环境质量标准：GB3096—2008[S].北京：中国环境科学出版社，2008.

[9] 环境保护部科技标准司.工业企业厂界环境噪声排放标准：GB12348—2008[S].北京：中国环境科学出版社，2008.

[10] 美国制冷空调工程师协会.地源热泵工程技术指南[M].徐伟，等译.北京：中国建筑工业出版社，2001.

[11] 全国锅炉压力容器标准化技术委员会.工业锅炉水质：GB/T 1576—2018[S].北京：中国质检出版社，2018.

［12］全国锅炉压力容器标准化技术委员会.压力管道规范 公用管道：GB/T
38942—2020［S］.北京：中国标准出版社，2020.

［13］全国能源基础与管理标准化技术委员会省能材料应用技术分委员会.设
备及管道绝热设计导则：GB/T 8175—2008［S］.北京：中国标准出版
社，2008.

［14］全国自然资源与国土空间规划标准化技术委员会.地热资源地质勘查规
范：GB/T 11615—2010［S］.北京：中国标准出版社，2010.

［15］全国冷冻空调设备标准化技术委员会.水（地）源热泵机组：GB/T 19409—
2013［S］.北京：中国标准出版社，2013.

［16］全国信息安全标准化技术委员会.信息安全技术 网络安全等级保护测评
要求：GB/T 28448—2019［S］.北京：中国标准出版社，2019.

［17］全国信息安全标准化技术委员会.信息安全技术 网络安全等级保护基本
要求：GB/T 22239—2019［S］.北京：中国标准出版社，2019.

［18］全国国土资源标准化技术委员会.地下水质量标准：GB/T 14848—2017
［S］.北京：中国标准出版社，2017.

［19］全国国土资源标准化技术委员会.浅层地热能勘查评价规范：DZ/T
0225—2009［S］.北京：中国标准出版社，2009.

［20］全国消防标准化技术委员会防火材料分技术委员会.建筑材料及制品燃
烧性能分级：GB 8624—2012［S］.北京：中国标准出版社，2013.

［21］全国能源基础与管理标准化技术协会.水（地）源热泵机组能效限定值及
能效等级：GB 30721—2014［S］.北京：中国标准出版社，2014.

［22］全国温度计量技术委员会.工业铂、铜热电阻：JJG 229—2010［S］.北京：
中国标准出版社，2010.

［23］全国泵标准化技术委员会.泵的噪声测量与评价方法：GB/T 29529—2013
［S］.北京：中国标准出版社，2013.

［24］全国能源基础与管理标准化技术委员会合理用电分技术委员会.清水离
心泵能效限定值及节能评价值：GB 19762—2007［S］.北京：中国标准出

版社，2017.

[25] 中华人民共和国住房和城乡建设部.公共建筑节能设计标准：GB 50189—2015[S].北京：中国建筑工业出版社，2015.

[26] 中华人民共和国住房和城乡建设部.民用建筑供暖通风与空气调节设计规范：GB 50736—2012[S].北京：中国建筑工业出版社，2012.

[27] 中华人民共和国建设部.地源热泵系统工程技术规范（2009年版）：GB 50366—2005[S].北京：中国建筑工业出版社，2009.

[28] 中华人民共和国住房和城乡建设部.锅炉房设计标准：GB 50041—2020[S].北京：中国计划出版社，2020.

[29] 中华人民共和国住房和城乡建设部.供热工程项目规范：GB 55010—2021[S].北京：中国建筑工业出版社，2021.

[30] 中华人民共和国住房和城乡建设部.建筑节能与可再生能源利用通用规范：GB 55015—2021[S].北京：中国建筑工业出版社，2022.

[31] 中华人民共和国住房和城乡建设部.城镇供热直埋热水管道技术规程：CJJ/T 81—2013[S].北京：中国建筑工业出版社，2013.

[32] 中华人民共和国住房和城乡建设部.城市综合管廊工程技术规范：GB 50838—2015[S].北京：中国计划出版社，2015.

[33] 中华人民共和国住房和城乡建设部.工业建筑供暖通风与空气调节设计规范：GB 50019—2015[S].北京：中国计划出版社，2015.

[34] 中华人民共和国建设部.岩土工程勘察规范（2009年版）：GB 50021—2001[S].北京：中国建筑工业出版社，2009.

[35] 中华人民共和国住房和城乡建设部.建筑结构荷载规范：GB 50009—2012[S].北京：中国建筑工业出版社，2012.

[36] 中华人民共和国住房和城乡建设部.厂房建筑模数协调标准：GB/T 50006—2010[S].北京：中国计划出版社，2011.

[37] 中华人民共和国住房和城乡建设部.烟囱设计规范：GB 50051—2013[S].北京：中国计划出版社，2013.

[38] 中华人民共和国环境保护部科技标准司.锅炉大气污染物排放标准：GB 13271—2014[S].北京：中国环境科学出版社，2014.

[39] 中华人民共和国环境保护局.大气污染物综合排放标准：GB 16297—1996[S].北京：中国环境科学出版社，1996.

[40] 中华人民共和国住房和城乡建设部.室外给水设计标准：GB 50013—2018[S].北京：中国计划出版社，2019.

[41] 中华人民共和国住房和城乡建设部.建筑给水排水设计标准：GB 50015—2019[S].北京：中国计划出版社，2019.

[42] 中华人民共和国住房和城乡建设部.管井技术规范：GB 50296—2014[S].北京：中国计划出版社，2014.

[43] 中华人民共和国住房和城乡建设部.建筑照明设计标准：GB 50034—2013[S].北京：中国建筑工业出版社，2014.

[44] 中国机械工业联合会.供配电系统设计规范：GB 50052—2009[S].北京：中国计划出版社，2010.

[45] 中华人民共和国住房和城乡建设部.低压配电设计规范：GB 50054—2011[S].北京：中国计划出版社，2012.

[46] 中华人民共和国住房和城乡建设部.建筑物防雷设计规范：GB 50057—2010[S].北京：中国计划出版社，2011.

[47] 中华人民共和国住房和城乡建设部.爆炸危险环境电力装置设计规范：GB 50058—2014[S].北京：中国计划出版社，2014.

[48] 中华人民共和国住房和城乡建设部.电力装置电测量仪表装置设计规范：GB/T 50063—2017[S].北京：中国计划出版社，2017.

[49] 中华人民共和国住房和城乡建设部.数据中心设计规范：GB 50174—2017[S].北京：中国计划出版社，2017.

[50] 中华人民共和国住房和城乡建设部.安全防范工程技术标准：GB 50348—2018[S].北京：中国计划出版社，2018.

[51] 中华人民共和国建设部.视频安防监控系统工程设计规范：GB 50395—

2007[S]. 北京：中国计划出版社，2007.

[52] 中华人民共和国公安部. 建筑设计防火规范（2018 年版）：GB 50016—2014[S]. 北京：中国计划出版社，2018.

[53] 中华人民共和国公安部. 火灾自动报警系统设计规范：GB 50116—2013[S]. 北京：中国计划出版社，2013.

[54] 中华人民共和国公安部. 建筑灭火器配置设计规范：GB50140—2005[S]. 北京：中国计划出版社，2005.

[55] 中华人民共和国公安部. 消防给水及消火栓系统技术规范：GB 50974—2014[S]. 北京：中国计划出版社，2014.

[56] 中华人民共和国公安部. 建筑防烟排烟系统技术标准：GB 51251—2017[S]. 北京：中国计划出版社，2018.

[57] 中国工程建设标准化协会化工分会. 工业建筑防腐蚀设计标准：GB/T 50046—2018[S]. 北京：中国计划出版社，2019.

[58] 中国工程建设标准化协会化工分会. 工业设备及管道绝热工程设计规范：GB 50264—2013[S]. 北京：中国计划出版社，2013.

[59] 中华人民共和国住房和城乡建设部. 工业企业噪声控制设计规范：GB/T 50087—2013[S]. 北京：中国建筑工业出版社，2014.

[60] 中华人民共和国住房和城乡建设部. 建筑机电工程抗震设计规范：GB 50981—2014[S]. 北京：中国建筑工业出版社，2015.

[61] 中华人民共和国住房和城乡建设部. 工程隔振设计标准：GB 50463—2019[S]. 北京：中国计划出版社，2020.

[62] 中国电力企业联合会. 工业用水软化除盐设计规范：GB/T 50109—2014[S]. 北京：中国计划出版社，2015.

[63] 中华人民共和国住房和城乡建设部. 城镇供热管网工程施工及验收规范：CJJ 28—2014[S]. 北京：中国建筑工业出版社，2014.

[64] 中华人民共和国住房和城乡建设部. 建筑地基基础工程施工质量验收标准：GB 50202—2018[S]. 北京：中国计划出版社，2018.

[65] 中华人民共和国住房和城乡建设部. 通风与空调工程施工质量验收规范：

GB 50243—2016[S].北京：中国计划出版社，2017.

[66] 中华人民共和国住房和城乡建设部.给水排水管道工程施工及验收规范：
GB 50268—2008[S].北京：中国建筑工业出版社，2009.

[67] 中国建筑设计研究院有限公司.民用建筑暖通空调设计统一技术措施
2022[M].北京：中国建筑工业出版社，2013.

[68] 中华人民共和国住房和城乡建设部.蓄能空调工程技术标准：JGJ 158—
2018[S].北京：中国建筑工业出版社，2018.

[69] 中华人民共和国住房和城乡建设部.城镇燃气技术规范：GB 50494-
2009[S].北京：中国建筑工业出版社，2009.

[70] 中华人民共和国建设部.城镇燃气设计规范（2020 年版）：GB 50028—
2006[S].北京：中国建筑工业出版社，2020.

[71] 中华人民共和国住房和城乡建设部.建筑抗震设计规范（2016 年版）：
GB 50011—2010[S].北京：中国建筑工业出版社，2016.

[72] 中华人民共和国交通运输部.内河通航标准：GB 50139—2014[S].北京：
中国计划出版社，2014.

[73] 中华人民共和国住房和城乡建设部公共建筑节能检测标准：JGJ/T 177—
2009[S].北京：中国建筑工业出版社，2010.

[74] 中华人民共和国住房和城乡建设部.民用建筑电气设计标准：GB 51348—
2019[S].北京：中国建筑工业出版社，2020.

[74] 中华人民共和国住房和城乡建设部.工程结构通用规范：GB 55001—
2021[S].北京：中国建筑工业出版社，2021.

[76] 中华人民共和国住房和城乡建设部.建筑与市政工程抗震通用规范：GB
55002—2021[S].北京：中国建筑工业出版社，2021.

[77] 中华人民共和国住房和城乡建设部.城市供热规划规范：GB/T 51074—
2015[S].北京：中国建筑工业出版社，2015.

[78] 中国工程建设标准化协会化工分会.工业循环冷却水处理设计规范：
GB/T 50050—2017[S].北京：中国计划出版社，2017.

[79] 中华人民共和国商务部.冷库设计标准：GB 50072—2021[S].北京：中国计划出版社，2021.

[80] 中国工程建设标准化协会化工分会.工业建筑防腐蚀设计标准：GB/T 50046—2018[S].北京：中国计划出版社，2019.

[81] 中华人民共和国住房和城乡建设部.城市综合管廊工程技术规范：GB 50838—2015[S].北京：中国计划出版社，2015.

[82] 中华人民共和国住房和城乡建设部.城镇燃气报警控制系统技术规程：CJJ/T 146—2011[S].北京：中国建筑工业出版社，2011.

附录 A 岩土热响应试验

（规范性附录）

A1 一般规定

A.1.1 测试孔数量要求见表 6.0.6，对 2 个及以上测试孔的试验，其试验结果应取算术平均值。

A.1.2 测试孔的地埋管换热器设置方式、深度和回填方式应与拟建设的工程换热孔保持一致。

A.1.3 岩土热响应试验应在测试孔施工完成后周围岩土体温度恢复后进行，对于灌注水泥砂浆的回填方式，宜放置不少于 10 d，对于其他的回填方式，宜放置不少于 2 d。

A.1.4 试验设备与测试孔的连接应减少弯头、变径，连接管外露部分应保温，保温层厚度不应小于 20 mm。同一管路内，测试孔孔口水温与试验设备进、出水口水温温差不宜大于 0.2℃。

A2 岩土热响应试验的内容

A.2.1 岩土体初始平均温度测试,可采用埋设温度传感器法、无功循环法或水温平衡法。

A.2.2 岩土体换热测试,可采用稳定热流测试或稳定工况测试。

A3 测试仪表

A.3.1 加热功率的测量误差不应大于±1%,流量的测量误差不应大于±1%,温度的测量误差不应大于±0.2℃。

A.3.2 岩土热响应试验设备的温度、流量测量仪表每年应进行不少于一次的标定。

A4 岩土热响应试验技术要求

A.4.1 岩土热响应试验应连续不间断,测试持续时间应符合下列规定:

(1)采用"无功循环法"测试岩土体初始平均温度时,温度稳定(地埋管出水温度连续12 h变化不大于0.5℃)后,持续时间不宜小于12 h;

(2)岩土体换热测试持续时间不宜小于48 h,采用稳定热流测试时,温度稳定(地埋管出水温度连续12 h变化不大于1℃)后,持续时间不宜小于12 h;

采用稳定工况测试时，温度稳定（地埋管出水温度连续 12 h 变化不大于 0.5℃）后，持续时间不宜小于 24 h。

A.4.2 采用稳定热流测试方法，宜进行两次不同负荷的试验，当测试孔深度在 80~100 m 时，大负荷宜采用 5~7 kW，小负荷宜采用 3~4 kW；采用稳定工况测试的，设定工况应为系统的设计运行工况。

A.4.3 地埋管换热器内传热介质流速应符合 8.3.7 的规定。

A.4.4 稳定热流测试中，实际加热功率的平均值与加热功率设定值的偏差不应大于±2kW。稳定工况测试中，实际供水温度平均值与供水温度设定值的偏差不应大于±0.2℃。

A.4.5 实验数据读取和记录的时间间隔不应大于 10 min。

A.4.6 应对现场测试资料进行综合分析，剔除因试验条件如气温变化等造成的异常数据。

附录 B 岩土热物性参数

（资料性附录）

B.0.1 几种典型岩土的热物性参数见表 B.0.1。

表 B.0.1 几种典型岩土的热物性参数

类型	参数			
	k 热导系数 [W/(m·℃)]	α 热扩散率 （10⁻⁶ m²/s）	ρ 密度 （kg/m³）	c 比热容 [kJ/(kg·℃)]
花岗岩	2.72	1.26	2 700	0.79
石灰岩	2.10	0.86	2 650	0.92
第三系砂质泥岩	1.67	0.87	2 200	0.87
黏土（饱水）	1.31	0.48	1 980	1.38
粉细砂（饱水）	1.90	0.75	1 920	1.32
20%黏土＋80% 细砂	1.47～1.64	0.52	1820～1 900	1.60～1.70
碎石（饱水）	1.56	0.57	1 650	1.5

注：根据大兴机场进行的热响应试验和土样的热物性测试确定。

附录 C　水力计算

（资料性附录）

传热介质不同，其摩擦阻力也不同，水力计算应按选用的传热介质的水力特性进行计算。国内已有的塑料管比摩阻均是针对水而言的，对添加防冻剂的水溶液，目前尚无相应数据，为此，地埋管压力损失可参照以下方法进行计算。该方法引自《地源热泵工程技术指南》。

1.确定管内流体的流量、公称直径和流体特性。

2.根据公称直径，确定地埋管的内径。

3.计算地埋管的断面面积 A：

$$A = \frac{\pi}{4} \times d_j{}^2 \qquad (C.0.1)$$

式中：A——地埋管的断面面积（m²）；

d_j——地埋管的内径（m）。

4.计算管内流体的流速 V：

$$V = \frac{G}{3600 \times A} \qquad (C.0.2)$$

式中：V——管内流体的流速（m/s）；

G——管内流体的流量（m³/h）。

5.计算管内流体的雷诺数 Re，Re 应该大于 2 300，以确保紊流：

$$\mathrm{Re} = \frac{\rho V d_j}{\mu} \qquad (C.0.3)$$

式中　Re——管内流体的雷诺数；

ρ——管内流体的密度（kg/m³）；

μ——管内流体的动力粘度（N·s/m²）。

6.计算管段的沿程阻力 P_y：

$$P_d = 0.158 \times \rho^{0.75} \times \mu^{0.25} \times d_j^{-1.25} \times V^{1.75} \qquad （C.0.4）$$

$$P_y = P_d \times L \qquad （C.0.5）$$

式中：P_y——计算管段的沿程阻力（Pa）；

P_d——计算管段单位管长的沿程阻力（Pa/m）；

L——计算管段的长度（m）。

7.计算管段的局部阻力 P_j：

$$P_j = P_d \times L_j \qquad （C.0.6）$$

式中：P_j——计算管段的局部阻力（Pa）；

L_j——计算管段管件的当量长度（m）。

管件的当量长度可按表 C.0.1 计算。

表 C.0.1　管件当量长度表

公称外径		弯头的当量长度（m）				T 形三通的当量长度（m）			
		90°标准型	90°长半径型	45°标准型	180°标准型	旁流三通	直流三通	直流三通后缩小 1/4	直流三通后缩小 1/2
3/8″	DN10	0.4	0.3	0.2	0.7	0.8	0.3	0.4	0.4
1/2″	DN12	0.5	0.3	0.2	0.8	0.9	0.3	0.4	0.5
3/4″	DN20	0.6	0.4	0.3	1.0	1.2	0.4	0.6	0.6
1″	DN25	0.8	0.5	0.4	1.3	1.5	0.5	0.7	0.8
5/4″	DN32	1.0	0.7	0.5	1.7	2.1	0.7	0.9	1.0
3/2″	DN40	1.2	0.8	0.6	1.9	2.4	0.8	1.1	1.2

公称外径		弯头的当量长度（m）				T形三通的当量长度（m）			
		90°标准型	90°长半径型	45°标准型	180°标准型	旁流三通	直流三通	直流三通后缩小1/4	直流三通后缩小1/2
2″	DN50	1.5	1.0	0.8	2.5	3.1	1.0	1.4	1.5
5/2″	DN63	1.8	1.3	1.0	3.1	3.7	1.3	1.7	1.8
3″	DN75	2.3	1.5	1.2	3.7	4.6	1.5	2.1	2.3
7/2″	DN90	2.7	1.8	1.4	4.6	5.5	1.8	2.4	2.7
4″	DN110	3.1	2.0	1.6	5.2	6.4	2.0	2.7	3.1
5″	DN125	4.0	2.5	2.0	6.4	7.6	2.5	3.7	4.0
11/5″	DN140	4.4	2.9	2.2	7.0	8.4	2.8	4.0	4.4
6″	DN160	4.9	3.1	2.4	7.6	9.2	3.1	4.3	4.9
7″	DN180	5.5	3.5	2.7	8.8	10.7	3.5	4.9	5.5
8″	DN200	6.1	4.0	3.1	10.1	12.2	4.0	5.5	6.1

8.计算管段的总阻力 P_z：

$$P_z = P_y + P_j \qquad (C.0.7)$$

式中：P_z——计算管段的总阻力（Pa）。

附录 D 乙烯乙二醇、丙烯乙二醇溶液物理性质

（资料性附录）

D.0.1 乙烯乙二醇和丙烯乙二醇溶液冰点、沸点应按表 D.0.1 选取。

表 D.0.1 乙烯乙二醇和丙烯乙二醇溶液冰点、沸点

乙烯乙二醇溶液				丙烯乙二醇溶液			
质量浓度 （%）	体积浓度 （%）	冰点 （℃）	沸点 （℃） /100.7kPa	质量浓度 （%）	体积浓度 （%）	冰点 （℃）	沸点 （℃） /100.7kPa
0.0	0.0	0.0	100.0	0.0	0.0	0.0	100.0
5.0	4.4	−1.4	100.6	5.0	4.8	−1.6	100.0
10.0	8.9	−3.2	101.1	10.0	9.6	−3.3	100.0
15.0	13.6	−5.4	101.7	15.0	14.5	−5.1	100.0
20.0	18.1	−7.8	102.2	20.0	19.4	−7.1	100.6
21.0	19.2	−8.4	102.2	21.0	20.4	−7.6	100.6
22.0	20.1	−8.9	102.2	22.0	21.4	−8.0	100.6
23.0	21.0	−9.5	102.8	23.0	22.4	−8.6	100.6
24.0	22.0	−10.2	102.8	24.0	23.4	−9.1	100.6
25.0	22.9	−10.7	103.3	25.0	24.4	−9.6	101.1
26.0	23.9	−11.4	103.3	26.0	25.3	−10.2	101.1
27.0	24.8	−12.0	103.3	27.0	26.4	−10.8	101.1
28.0	25.8	−12.7	103.9	28.0	27.4	−11.4	101.7
29.0	26.7	−13.3	103.9	29.0	28.4	−12.0	101.7
30.0	27.7	−14.1	104.4	30.0	29.4	−12.7	102.2

续表

乙烯乙二醇溶液				丙烯乙二醇溶液			
质量浓度 （%）	体积浓度 （%）	冰点 （℃）	沸点 （℃） /100.7kPa	质量浓度 （%）	体积浓度 （%）	冰点 （℃）	沸点 （℃） /100.7kPa
31.0	28.7	−14.8	104.4	31.0	30.4	−13.4	102.2
32.0	29.6	−15.4	104.4	32.0	31.4	−14.1	102.2
33.0	30.6	−16.2	104.4	33.0	32.4	−14.8	102.2
34.0	31.6	−17.0	104.4	34.0	33.5	−15.6	102.2
35.0	32.6	−17.9	105.0	35.0	34.4	−16.4	102.8
36.0	33.5	−18.6	105.0	36.0	35.5	−17.3	102.8
37.0	34.5	−19.4	105.0	37.0	36.5	−18.2	102.8
38.0	35.5	−20.3	105.0	38.0	37.5	−19.1	103.3
39.0	36.5	−21.3	105.0	39.0	38.5	−20.1	103.3
40.0	37.5	−22.3	105.6	40.0	39.6	−21.1	103.9
41.0	38.5	−23.2	105.6	41.0	40.6	−22.1	103.9
42.0	39.5	−24.3	105.6	42.0	41.6	−23.2	103.9
43.0	40.5	−25.3	106.1	43.0	42.6	−24.3	103.9
44.0	41.5	−26.4	106.1	44.0	43.7	−25.5	103.9
45.0	42.5	−27.5	106.7	45.0	44.7	−26.7	104.4
46.0	43.5	−28.8	106.7	46.0	45.7	−27.9	104.4
47.0	44.5	−29.8	106.7	47.0	46.8	−29.3	104.4
48.0	45.5	−31.1	106.7	48.0	47.8	−30.6	105.0
49.0	46.6	−32.6	106.7	49.0	48.9	−32.1	105.0
50.0	47.6	−33.8	107.2	50.0	49.9	−33.5	105.6

D.0.2 乙烯乙二醇和丙烯乙二醇溶液物理性质参数应按表 D.0.2-1～
D.0.2-8 选取。

表 D.0.2-1　乙烯乙二醇溶液不同温度不同体积浓度下密度

单位：kg/m³

温度（℃）	10%	20%	30%	40%	50%
−35	—	—	—	—	1 089.94
−30	—	—	—	—	1 089.04
−25	—	—	—	—	1 088.01
−20	—	—	—	1 071.98	1 086.87
−15	—	—	—	1 070.87	1 085.61
−10	—	—	1 054.31	1 069.63	1 084.22
−5	—	1 036.85	1 053.11	1 068.28	1 082.71
0	1 018.73	1 035.67	1 051.78	1 066.80	1 081.08
5	1 017.57	1 034.36	1 050.33	1 065.21	1 079.33
10	1 016.28	1 032.94	1 048.76	1 063.49	1 077.46
15	1 014.87	1 031.39	1 047.07	1 061.65	1 075.46
20	1 013.34	1 029.72	1 045.25	1 059.68	1 073.35

表 D.0.2-2　乙烯乙二醇溶液不同温度不同体积浓度下比热

单位：kJ/（kg·K）

温度（℃）	10%	20%	30%	40%	50%
−35	—	—	—	—	3.068
−30	—	—	—	—	3.088
−25	—	—	—	—	3.107
−20	—	—	—	3.334	3.126
−15	—	—	—	3.351	3.145
−10	—	—	3.560	3.367	3.165
−5	—	3.757	3.574	3.384	3.184
0	3.937	3.769	3.589	3.401	3.203
5	3.946	3.780	3.603	3.418	3.223
10	3.954	3.792	3.617	3.435	3.242
15	3.963	3.803	3.631	3.451	3.261
20	3.972	3.815	3.645	3.468	3.281

表 D.0.2-3 乙烯乙二醇溶液不同温度不同体积浓度下导热系数

单位：W/（m·K）

温度（℃）	10%	20%	30%	40%	50%
−35	—	—	—	—	—
−30	—	—	—	—	0.328
−25	—	—	—	—	0.332
−20	—	—	—	0.366	0.336
−15	—	—	—	0.371	0.340
−10	—	—	0.411	0.376	0.344
−5	—	0.458	0.417	0.381	0.348
0	0.512	0.466	0.423	0.386	0.352
5	0.520	0.472	0.429	0.391	0.356
10	0.528	0.479	0.435	0.395	0.360
15	0.535	0.486	0.440	0.400	0.363
20	0.543	0.192	0.145	0.404	0.366

表 D.0.2-4 乙烯乙二醇溶液不同温度不同体积浓度下黏性系数

单位：mPa/s

温度（℃）	10%	20%	30%	40%	50%
−35	—	—	—	—	66.93
−30	—	—	—	—	43.98
−25	—	—	—	—	30.50
−20	—	—	—	15.75	22.07
−15	—	—	—	11.74	16.53
−10	—	—	6.19	9.06	12.74
−5	—	3.65	5.03	7.18	10.05
0	2.08	3.02	4.15	5.83	8.09
5	1.79	2.54	3.48	4.82	6.63
10	1.56	2.18	2.95	4.04	5.50
15	1.37	1.89	2.53	3.44	4.63
20	1.21	1.65	2.20	2.96	3.94

表 D.0.2-5　丙烯乙二醇溶液不同温度不同体积浓度下密度

单位：kg/m³

温度（℃）	10%	20%	30%	40%	50%
−35	—	—	—	—	—
−30	—	—	—	—	—
−25	—	—	—	—	1062.11
−20	—	—	—	—	1 060.49
−15	—	—	—	1 050.43	1 058.73
−10	—	—	1 039.42	1 048.79	1 056.85
−5	—	1 027.24	1 037.89	1 047.02	1 054.84
0	1 013.85	1 025.84	1 036.24	1 045.12	1 052.71
5	1 012.61	1 024.32	1 034.46	1 043.09	1 050.44
10	1 011.24	1 022.68	1 032.55	1 040.94	1 048.04
15	1 009.75	1 020.91	1 030.51	1 038.65	1 045.52
20	1 008.13	1 019.01	1 028.35	1 036.24	1 042.87

表 D.0.2-6　丙烯乙二醇溶液不同温度不同体积浓度下比热

单位：kJ/（kg·K）

温度（℃）	10%	20%	30%	40%	50%
−35	—	—	—	—	—
−30	—	—	—	—	—
−25	—	—	—	—	3.358
−20	—	—	—	—	3.378
−15	—	—	—	3.586	3.397
−10	—	—	3.765	3.603	3.416
−5	—	3.918	3.779	3.619	3.435

续表

温度（℃）	10%	20%	30%	40%	50%
0	4.042	3.929	3.793	3.636	3.455
5	4.050	3.940	3.807	3.652	3.474
10	4.058	3.951	3.820	3.669	3.493
15	4.067	3.962	3.834	3.685	3.513
20	4.075	3.973	3.848	3.702	3.532

表 D.0.2-7 丙烯乙二醇溶液不同温度不同体积浓度下导热系数

单位：W/（m·K）

温度（℃）	10%	20%	30%	40%	50%
−35	—	—	—	—	—
−30	—	—	—	—	0.302
−25	—	—	—	—	0.306
−20	—	—	—	0.346	0.311
−15	—	—	—	0.351	0.315
−10	—	—	0.397	0.356	0.319
−5	—	0.449	0.403	0.361	0.323
0	0.510	0.456	0.409	0.366	0.327
5	0.518	0.463	0.415	0.371	0.331
10	0.526	0.470	0.421	0.376	0.334
15	0.534	0.477	0.426	0.380	0.338
20	0.541	0.483	0.431	0.384	0.341

表 D.0.2-8　丙烯乙二醇溶液不同温度不同体积浓度下黏性系数

单位：mPa/s

温度（℃）	10%	20%	30%	40%	50%
−35	—	—	—	—	—
−30	—	—	—	—	171.54
−25	—	—	—	—	109.69
−20	—	—	—	48.90	72.42
−15	—	—	—	33.07	49.29
−10	—	—	11.84	23.11	34.51
−5	—	4.98	9.07	16.63	24.81
0	2.68	4.05	7.07	12.30	18.28
5	2.23	3.34	5.61	9.32	13.77
10	1.89	2.79	4.52	7.21	10.59
15	1.63	2.36	3.69	5.70	8.30
20	1.42	2.02	3.06	4.59	6.62

附录 E 载冷剂系统的管道流量 和沿程阻力修正

（资料性附录）

E.0.1 乙烯乙二醇、丙烯乙二醇溶液管道的流量修正系数应按表 E.0.1 选取。

表 E.0.1 乙烯乙二醇、丙烯乙二醇溶液管道的流量修正系数

溶液种类	体积浓度				
	20%	**25%**	**30%**	**35%**	**40%**
乙烯乙二醇溶液	1.072	1.090	1.109	1.132	1.155
丙烯乙二醇溶液	1.037	1.051	1.065	1.083	1.102

E.0.2 管道的阻力修正系数应按表 E.0.2～E.0.3 选取。

表 E.0.2 乙烯乙二醇溶液不同体积浓度管道阻力修正系数

公称直径 （mm）	流速 （m/s）	**20%**	**25%**	**30%**	**35%**	**40%**
15	0.45	1.362	1.436	1.506	1.604	1.696
20	0.55	1.326	1.393	1.455	1.542	1.624
25	0.65	1.299	1.360	1.418	1.498	1.572
32	0.80	1.269	1.325	1.377	1.449	1.516
40	0.90	1.252	1.304	1.353	1.420	1.483
50	1.05	1.232	1.280	1.326	1.388	1.445
65	1.25	1.212	1.256	1.297	1.354	1.407
70	1.40	1.200	1.242	1.282	1.336	1.386
80	1.40	1.199	1.241	1.280	1.333	1.383
100	1.55	1.188	1.227	1.265	1.315	1.362

公称直径（mm）	流速（m/s）	20%	25%	30%	35%	40%
125	1.75	1.176	1.213	1.248	1.295	1.340
150	1.90	1.168	1.204	1.238	1.282	1.325
200	2.15	1.157	1.190	1.222	1.264	1.304
250	2.20	1.154	1.187	1.218	1.259	1.298
300	2.40	1.147	1.178	1.208	1.248	1.284
350	2.05	1.157	1.190	1.222	1.263	1.302
400	2.20	1.151	1.184	1.214	1.254	1.291
450	2.20	1.151	1.183	1.213	1.253	1.290
500	2.20	1.150	1.182	1.213	1.252	1.289
600	2.20	1.150	1.181	1.211	1.250	1.287

表 E.0.3　丙烯乙二醇溶液不同体积浓度管道阻力修正系数

公称直径（mm）	流速（m/s）	20%	25%	30%	35%	40%
15	0.45	1.476	1.645	1.795	2.036	2.249
20	0.55	1.426	1.575	1.708	1.917	2.102
25	0.65	1.388	1.524	1.644	1.833	1.997
32	0.80	1.348	1.469	1.576	1.713	1.889
40	0.90	1.324	1.437	1.537	1.691	1.824
50	1.05	1.297	1.400	1.492	1.632	1.754
65	1.25	1.269	1.363	1.445	1.572	1.682
70	1.40	1.254	1.343	1.421	1.541	1.645
80	1.40	1.252	1.340	1.417	1.535	1.637
100	1.55	1.237	1.319	1.392	1.503	1.599
125	1.75	1.221	1.297	1.365	1.468	1.558
150	1.90	1.210	1.283	1.347	1.446	1.530
200	2.15	1.194	1.262	1.322	1.413	1.491

续表

公称直径 （mm）	流速 （m/s）	20%	25%	30%	35%	40%
250	2.20	1.190	1.256	1.315	1.403	1.479
300	2.40	1.181	1.244	1.299	1.383	1.455
350	2.05	1.194	1.261	1.319	1.407	1.483
400	2.20	1.186	1.251	1.307	1.391	1.464
450	2.20	1.186	1.249	1.305	1.389	1.461
500	2.20	1.185	1.248	1.303	1.386	1.458
600	2.20	1.184	1.246	1.301	1.382	1.452

【解释说明】载冷剂系统的管道流量和阻力计算可在常规水路水力计算的基础上对其流量和管道阻力进行修正。

表 E.0.1 给出了相同负荷时，$-5℃$ 的乙烯乙二醇、丙烯乙二醇溶液相对于 $20℃$ 水的流量修正系数；表 E.0.2～E.0.3 给出了相同体积流量时，$-5℃$ 的乙烯乙二醇、丙烯乙二醇溶液相对于 $20℃$ 水的沿程阻力修正系数。

乙烯乙二醇、丙烯乙二醇溶液流量与沿程阻力修正系数计算所需密度、黏度、比热等物理性质参照附录 D。

第 E.0.2 条计算采用了 ASHRAE Handbook 中的摩擦阻力计算公式：

$$\frac{1}{\sqrt{\lambda}} = 1.74 - 2\lg(\frac{2\varepsilon}{D} + \frac{18.7}{Re\sqrt{\lambda}}) \tag{E.0.1}$$

式中：λ——摩擦阻力系数；

D——管道直径（m）；

Re——雷诺数；

ε——管道内表面的当量绝对粗糙度（m），按普通钢管 0.1 mm 取值。

附录 F 蓄能设备设计要求

（规范性附录）

F.0.1 单组盘管在其额定流量下的阻力不宜超过 120 kPa。

F.0.2 自然分层蓄冷槽的蓄冷温度不应低于 4℃。

F.0.3 自然分层蓄能水槽的设计水深宜大于 2.5 m。

F.0.4 蓄冷温差不宜小于 5℃。

F.0.5 水流分布器孔口出口流速宜小于 0.6 m/s。

F.0.6 设计水流分布器时应保证弗劳德（Fr）数小于 2，按照附录 G 进行计算。

F.0.7 水流分布器出流的雷诺数 Re 建议在 200～850 之间；对于高度低于 4 m 的水槽，Re 宜小于 200；对于高度超过 12 m 的水槽，Re 可取上限值，参照附录 G 进行计算。

F.0.8 高温相变蓄冷设备应用于空调系统时，相变温度宜为 5～8℃。

F.0.9 承压高温蓄热的定压压力应高于蓄热介质最高蓄热温度所对应的汽化压力 0.1 MPa。

F.0.10 当承压蓄热罐采用气体定压时，应采用氮气。

F.0.11 不应采用消防水池作为水蓄热用槽体。

F.0.12 高热容固体自蓄热设备的加热元件应采用干式辐射式加热方式，使用寿命应不少于 3 000 h，并便于更换。

附录 G 弗劳德数（Fr）
与雷诺数（Re）

（资料性附录）

G.0.1 弗劳德数（Fr）

弗劳德数（Fr）为作用于流体的惯性力与浮力之比，可用式 G.0.1 计算：

$$Fr = \frac{G / L}{\left[g \cdot h_i^3 \cdot (\rho_i - \rho_n) / \rho_n \right]^{1/2}} \qquad (G.0.1)$$

式中：G——通过分布器的最大流量，单位为立方米每秒（m³/s）；

L——分布器有效长度，单位为米（m）；

g——重力加速度，单位为米每二次方秒（m/s²）（g＝9.81）；

h_i——最小入口高度（分布器管底距池底的距离），单位为米（m）；

ρ_i——进水密度，单位为千克每立方米（kg/m³）；

ρ_n——周围水的密度，单位为千克每立方米（kg/m）。

G.0.2 雷诺数（Re）

雷诺数（Re）为作用于流体的惯性力与粘性力之比，可用式 G.0.2 计算：

$$Re = \frac{\upsilon \cdot d}{v} \qquad (G.0.2)$$

式中：υ——布水器孔口出流速度，单位为米每秒（m/s）；

d——布水器孔口直径，单位为米（m）；

v——水的运动粘滞系数，单位为平方米每秒（m²/s）。

附录 H 管网与建（构）筑物及其他管线的距离表

（资料性附录）

表 H.0.1 地下敷设供热管网管道与建筑物（构筑物）或其他管线的最小距离

单位：m

建筑物、构筑物或管线名称			最小水平净距	最小垂直净距
建筑物基础	管沟敷设供热管网管道		0.5	—
	直埋闭式热水管网管道	DN≤250	2.5	—
		DN≥300	3.0	—
	直埋开式热水管网管道		5.0	—
铁路钢轨			钢轨外侧 3.0	轨底 1.2
电车钢轨			钢轨外侧 2.0	轨底 1.0
铁路、公路路基边坡底脚或边沟的边缘			1.0	—
通信、照明或 10kV 以下电力线路的电杆			1.0	—
桥墩（高架桥、栈桥）边缘			2.0	—
架空管道支架基础边缘			1.5	—
高压输电线铁塔基础边缘 35～220kV			3.0	—
通信电缆管块			1.0	0.15
直埋通信电缆（光缆）			1.0	0.15
电力电缆和控制电缆		35kV 以下	2.0	0.5
		110kV	2.0	1.0
燃气管道	管沟敷设管网管道	燃气压力＜0.01MPa	1.0	钢管 0.15，聚乙烯管在上 0.2，聚乙烯管在下 0.3
		燃气压力≤0.4MPa	1.5	
		燃气压力≤0.8MPa	2.0	
		燃气压力＞0.8MPa	4.0	

198

续表

建筑物、构筑物或管线名称			最小水平净距	最小垂直净距
燃气管道	直埋敷设热水管网管道	燃气压力≤0.4MPa	1.0	钢管0.15，聚乙烯管在上0.5，聚乙烯管在下1.0
		燃气压力≤0.8MPa	1.5	
		燃气压力＞0.8MPa	2.0	
给水管道			1.5	0.15
排水管道			1.5	0.15
地 铁			5.0	0.8
电气铁路接触网电杆基础			3.0	—
乔木（中心）			1.5	—
灌木（中心）			1.5	—
车行道路面			—	0.7

本指南用词说明

1.为便于在执行本指南条文时区别对待，对要求严格程度不同的用词说明如下：

（1）表示很严格，非这样做不可的用词：

正面词采用"必须"，反面词采用"严禁"。

（2）表示严格，在正常情况下均应这样做的用词：

正面词采用"应"，反面词采用"不应"或"不得"。

（3）表示允许稍有选择，在条件许可时首先应这样做的用词：

正面词采用"宜"，反面词采用"不宜"。

表示有选择，在一定条件下可以这样做的用词，采用"可"。

2.本指南中指明应按其他有关标准的规定执行的写法为"应符合……的规定"或"应按……执行"。